电力设备检测与声表面波传感器设计

主编 罗传胜 张 建 李春雷 苏 毅

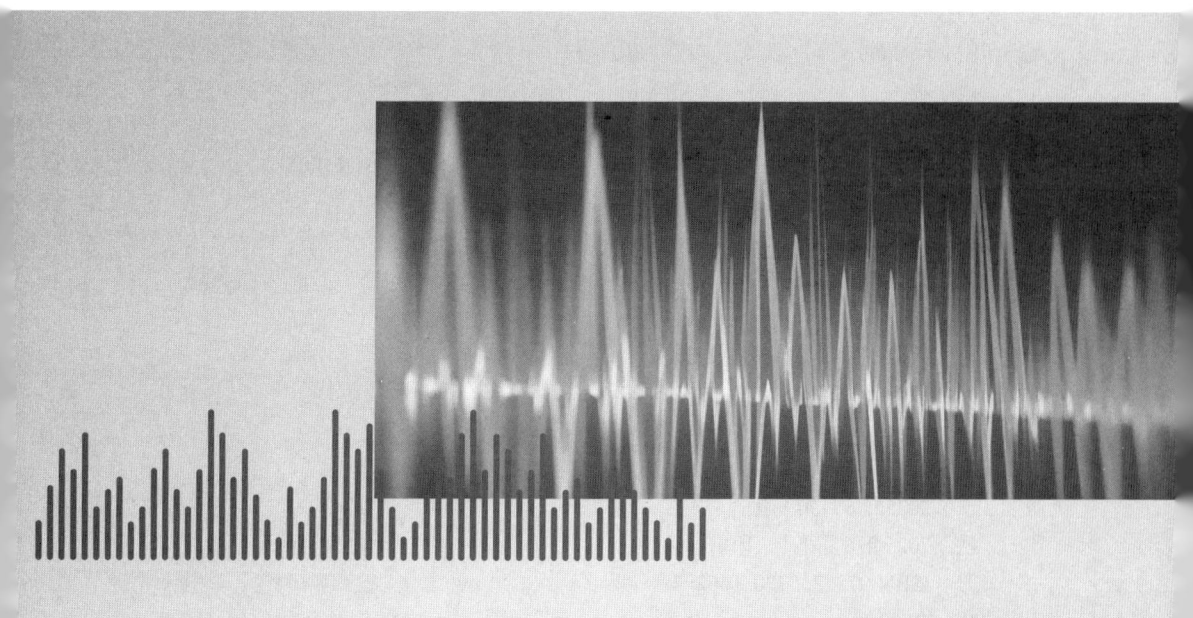

电子科技大学出版社
University of Electronic Science and Technology of China Press
·成都·

图书在版编目(CIP)数据

电力设备检测与声表面波传感器设计 / 罗传胜等主编. -- 成都：成都电子科大出版社, 2025.6. -- ISBN 978-7-5770-1662-7

Ⅰ. TM407；TP212

中国国家版本馆CIP数据核字第2025ZC2548号

电力设备检测与声表面波传感器设计
DIANLI SHEBEI JIANCE YU SHENGBIAOMIANBO CHUAN'GANQI SHEJI

罗传胜　张　建　李春雷　苏　毅　主编

策划编辑	段　勇　李春梅
责任编辑	陈姝芳
责任校对	胡　梅
责任印制	段晓静

出版发行　电子科技大学出版社
　　　　　成都市一环路东一段159号电子信息产业大厦九楼　邮编 610051
主　　页　www.uestcp.com.cn
服务电话　028-83203399
邮购电话　028-83201495

印　　刷	成都市新川桥印务有限公司
成品尺寸	170 mm×240 mm
印　　张	7.5
字　　数	150千字
版　　次	2025年6月第1版
印　　次	2025年6月第1次印刷
书　　号	ISBN 978-7-5770-1662-7
定　　价	48.00元

版权所有，侵权必究

前　　言

现有的主流测温、电化学传感器都面临供电要求高、抗电磁干扰能力弱等问题，尤其在运行的气体绝缘类高压电力设备监测领域，面临强电磁脉冲、强振动特殊环境，以及一系列可靠性问题。在此基础上，本书提出了声表面波无源无线高抗干扰感知技术，不仅能够提升电力设备智能运维技术水平，还能够推动电力设备的智能制造技术发展。

本书阐述了声表面波技术的原理和发展历史，探讨了声表面波技术在电力系统的应用现状，并提出了全新的探测方法。书中展望了该技术在未来电力设备中的应用前景。首先，本书结合电力设备运维监测的智能化、多参量融合需求，提出多参量无线无源监测技术以及射频识别技术深入研究了声表面波传感器技术在监测温度、湿度以及振动等多组分参数应用的可能性。其次，本书在压电基材、芯片工艺、架构设计和神经网络算法方面提出了全新的应用方向，并重点提出了谐振型 SAW 传感器与延迟线结合的设计框架，实现了声表面波单基片结构的阵列式、交叉译码、多参数测量功能。再次，本书结合复合型单基片声表面波传感器的设计，讨论了单基片声表面波传感器技术的优点、标定方法。最后，本书探讨了声表面波无源无线传感器技术在 SF_6 及混合气体绝缘组合电器、变压器油中溶解气体组分监测领域的应用特点、关键要素，以及技术迭代面临的闭源障碍。针对这些问题，本书提出了设计规格标准化、开源等发展思路，旨在推动该技术的发展和应用。

本书将理论与实际相结合，既可作为声表面波传感器的设计、电力设备监测、智能电力装备制造等领域的课题研究、实践教学辅助用书，也可作为科研爱好者的参考用书。由于编者水平有限，书中难免存在疏漏之处，恳请读者与行业专家不吝赐教，提出宝贵意见与建议，以进一步完善内容，为相关研究奠定更加坚实的基础。

罗佳胜

2025 年 4 月

目录
CONTENTS

第一章 电力设备运维的现状与瓶颈 ·················1
 1.1 电力设备运维的现状 ·················1
 1.2 声表面波传感器技术用于电力设备 ·················1
 1.3 电力设备运维的瓶颈 ·················3

第二章 声表面波传感器原理及其应用 ·················8
 2.1 声表面波传感器原理 ·················8
 2.2 谐振型声表面波传感器及其典型用途 ·················14
 2.3 延迟线型声表面波传感器及其典型用途 ·················17
 2.4 声表面波技术的应用 ·················18

第三章 声表面波传感器的设计思路与方法 ·················21
 3.1 基于声速感知技术的传感器工艺设计 ·················21
 3.2 声表面波传感器多参数测量的技术关键点、难点及解决措施 ·················26
 3.3 基于SAW的多参数测量设计 ·················29
 3.4 耐高温基材选取 ·················32
 3.5 阵列式声表面波架构设计与算法 ·················33
 3.6 改进的阵列式SAW架构设计 ·················34
 3.7 多组分气体测量的SAW阅读器硬件与算法设计 ·················36

第四章 复合型单基片声表面波传感器设计 ……………41
4.1 材料设计 …………………41
4.2 结构设计 …………………42
4.3 算法设计 …………………46

第五章 复合型单基片声表面波传感器标定方法 ……………49
5.1 神经网络算法 …………………49
5.2 气体标定 …………………65

第六章 复合型单基片声表面波多参数监测传感器的应用 ……76
6.1 GIS气体组分监测 …………………76
6.2 高温振动监测 …………………81
6.3 气体标定 …………………85
6.4 电力设备振动及温度监测 …………………89

第七章 总结与展望 ……………99
7.1 声表面波感知技术的研究进展与挑战 …………………99
7.2 总结 …………………100
7.3 展望 …………………101

参考文献 ……………………………………103

第一章　电力设备运维的现状与瓶颈

1.1　电力设备运维的现状

伴随着我国经济建设的高速发展，电力系统的发电、输电、变电、配电容量不断增大。目前，我国已建成多座 1 000 kV 变电站、500 kV 以上变电站数千座，各种传感、智控技术得到了飞跃发展。

随着城市化进程的加速推进，新能源技术、智感技术的发展，以及电力交通、人工智能、信息化服务的日趋完善，人们对电能的多样化需求和依赖程度不断增加。在当前形势下，电力设备负荷形态不断变化升级，这导致电力设备的数量与品质都加速更新换代，对电力设备的运维检修工作也提出了更高的要求。然而，在实际情况中，一些供电企业仍然在运用传统技术手段进行电力设备的运维检修与协调管理工作。对于出现故障的电力设备，仍然依靠过往的经验和周期性的少量数据来解决问题。

许多学者都在积极寻求新的技术手段，以改进电力设备的运维方式，适应新时代的发展需求。新技术的应用不仅可以提高电力设备的运行效率、降低故障率，还有助于提前发现和解决问题。通过引入新技术，电力设备的运维检修工作可以更加智能化、高效化，从而确保电力系统的稳定运行和安全供电。

1.2　声表面波传感器技术用于电力设备

在电力设备领域，声表面波传感器技术已广泛应用于开关柜触头、电缆终端头、电缆中间接头的测温，在其他行业（如汽车轮胎胎压监测、结构体的振动监测、高辐射环境的温度监测等）也得到发展和应用。声表面波感知技术的优势在于无线、无源、耐受高温，因此其适应的场景丰富，具有广泛的应用前景。

声表面波传感器的历史大概可追溯到20世纪70年代中期，1975年，首款压力传感器推出后，研究逐步扩展至温度、化学等领域。温度传感器利用延迟线和外围器件实现了温度测试。这种传感器具有数字传感器的概念，以频率偏移为算法基础，但它仍然是一种有源传感器，并未实现无源无线传输。此后经历数年的研究积累，伴随国内外无数科学家的努力创新，将声表面波传感器的测温上限提高到了 1 100 ℃的温度，同时也在传感器的应用场景上获得了更丰富的理解和沉淀。

在国内，尽管声表面波（surface acoustic wave，SAW）传感器研究起步较晚，如今却通过多领域的应用展现，在模型、数据、应用环境、功能化集成方面的综合积累上取得了显著进展。2006 年，重庆大学的王军峰等实现了一款温度灵敏度为 1 kHz/℃的谐振型 SAW 传感器，其工作频率为 144.25 MHz。2016 年，彭斌等提出了一种在 TC4 压电基底上集成 AlN 薄膜的 SAW 传感器，在 350 ℃下，该传感器依然具有很好的频率温度线性度。2019 年，有学者研制出了一款能够测量 800 ℃高温，且具有良好重复性的 SAW 传感器，该传感器以 $LiNbO_3$ 作为压电基底，以 SiO_2 作为钝化层，以 Pt 作为金属电极，在 800 ℃下，多个 SAW 传感器谐振频率的偏差小于 0.03%。2021 年，许红升等设计了一种在很宽的温度范围内都具有频率-温度特性的 Pt/LGS 传感器，该传感器在整个温度范围内都具有 $-167 \times 10^{-6}/K$ 的高灵敏度。

纵观国内外的 SAW 温度传感器研究，在压电衬底和电极材料方面取得了显著进展。然而 SAW 传感器仍然存在寿命较短、长时间稳定工作能力差、参数不统一等问题。近年来，SAW 温度传感器的常用压电衬底主要包括磷酸镓（$GaPO_4$）、铌酸锂（$LiNbO_3$）、氮化铝（AlN）等材料，这些材料即使在极高温度下也不会发生相变，其物理和化学性质基本保持稳定。然而，它们在高温环境下长时间工作时，仍然存在一些技术挑战。例如，基于磷酸镓的 SAW 器件在连续工作时，可能会导致压电衬底产生形变，从而影响器件性能，产生误差偏移。基于氮化铝的 SAW 器件在工作时也存在一些问题，例如：在潮湿环境下，其易与水中的羟基发生反应形成氢氧化铝，导致其热导率下降，并改变其物理化学性质；氮化铝的价格昂贵，成本高；氮化铝粉末的制备需要耗费大量能源，且存在安全隐患，这使得一些高温制备方法难以实现工业化生产；氮化铝制备过程中存在碳化物副产品和氯化氢的处理问题，需要对产物进行纯化，增加了生产成本。这些因素共同导致氮化铝的价格高昂且制备过程复杂，限制了其应用范围。

本书从声表面波传感器的基片结构、工作原理出发，结合电力设备检测在功能、性能指标、应用场景领域的多元化需求，介绍了延迟线型单基片声表面波传感器的工作方法、标定量化方法。在此基础上，提出一种多参量监测的声表面波传感器架构，寻找新的压电衬底和压电材料，解决声表面波传感器不能长时间在高温环境下工作和其成本较高的问题。

1.3 电力设备运维的瓶颈

电力设备可宏观理解为是由发电、输电、变电、配电和用电等环节组成的电力生产与消费服务的综合系统部件。它将自然界的一次能源通过发电动力装置转化成电力，再经输电、变电和配电将电力供应到各个用户。

在电力系统的每一个环节，承担不同工作性质的电力设备是核心部件，它是输配电网中的心脏、枢纽和通道，在使用年限的增加过程中，在各种环境、外力作用及不规律的负荷需量情况下，设备的各项性能指标逐步衰减。设备从投入运行到最终报废的过程中，其运行状态不仅影响着设备的价值发挥曲线，也影响维护人员的人身安全和运维团队的资源成本。因此，通过有效手段及时了解和掌握电力设备的状态至关重要。

根据不同用途，电力设备可以分为发电机及其辅助设备、输电线路及其配套设施、变电站设备、配电系统化装备等类型。发电机及其辅助设备主要将其他形式的能源转换为电能，输电线路及其配套设施则用于将输送到变电站的高压电能分配到各个用户或不同的变电站，变电站设备是将高压电能通过变压器变成低压电能后供给用户或再次输送的重要设备。

设备产生缺陷或逐步衰老的原因多种多样，具体包括以下几个方面。

（1）电力设备在运行中受到电场、热场、机械、有害性刺激性闪络光谱的作用，同时受自然环境因素（如气温、气压、湿度、污染等）的影响，长期工作会导致介质老化、分解、疲劳、磨损，其性能逐渐下降，可靠性逐渐降低。

（2）设备的绝缘材料在高电压、高温度、非稳定电场长期作用下，其成分、结构、均匀性、相变特性会发生变化，介质损耗增大，绝缘性能降低，最终导致薄弱点扩张、绝缘性能破坏；在大气中工作的绝缘子还易受环境污染的影响，表面绝缘性能降低，导致沿面放电、碳积物堆积等故障。

（3）设备中的导电材料在长时间承受高温负载作用下，会发生氧化腐蚀，导致电阻、接触电阻增加，机械强度下降，热损增大，逐渐丧失原有工作性能。

（4）设备在生产制造过程中已经存在缺陷，只不过这种缺陷不影响额定电压的正常运行。譬如，变压器制造过程中，内部的介质含水量可能低于3%（体积分数），但在使用过程中，变压器受负荷冲击、大气压、温度、电场变化的影响，与环境空气的湿度产生交替呼吸，吸入空气中的水分，使得绝缘介质的介电性能下降。还有些缺陷，譬如制造过程中产生的微型裂纹，在雷击、雷电交流叠加波或多次连续操作冲击波，或在非线性动态负荷持续作用下，这种裂纹作为绝缘介质的一个薄弱点，可能最早发生老化现象，产生一个绝缘介质劣化的突破口。在多层复合介质的制备过程中，就有可能夹杂微小颗粒物。在正常运行情况下，这种颗粒不影响整体性能，但在负荷冲击、受潮、受热等作用下，这种颗粒物会对多层复合介质构成破坏，导致多层复合介质的综合介电常数发生显著变化，并加速受潮、电场不均匀等异常工况的演变过程。

在无法对现场设备进行解体的情况下，很多微观缺陷在现有标准检测方案下很难被发现并甄别，但利用一些非常规、非标准的技术，在对原设备无绝缘破坏，且运行低电压、小电流扰动试验的情况下，通过某些特有参数的周期稳定性指标，如曲线抖动性、纵横向对比等，可实现此类缺陷的追溯。由此，准确地获知运行电力设备的状态量、关联量，尤其是前瞻性的趋势或关联参数至关重要。通常情况下，获取电力设备的健康状况需要监测温度、湿度、振动、SF_6气体密度等参数，同时，深入的健康评价手段会结合一些数学算法提供绕组形变、综合放电量、受潮体积比、寿命系数等，因此，对状态数据的获取已经不能满足于追求某个常规值的临界预警指标，更多的是把握一种发展趋势，实现预防性、预测性的运维决策。目前，电力设备正朝着集约化、智能化和高可靠性方向发展。随着技术的进步，以及人们对节能减排、环保绿色的追求，电力设备将逐渐采用新型材料、新工艺和新技术。例如，采用可再生能源发电装置（如光伏、风电、地热）、高压直流输电技术，以及数字化、网络化、模块化和智能化等关键技术。现有的状态数据相较停电试验的条件依旧缺乏，还不能满足各种模型验算的需求。这也给电力设备的运行维护和状态预测带来了新的挑战，传统技术已经不能满足不断更新迭代的电力系统需求，必须借助新技术、新理念，突破周期性、临界数据点的固有运维思维。

"十四五"期间，国家电网专注于特高压、充电桩、数字新基建等领域，预计电网及相关产业投资规模将超过6万亿元。国家电网以国家战略需求为侧重点，抓住新一轮科技革命和产业变革机遇，持续增加科技研发投入，聚焦关键核心技术，全力攻克关键环节，确保我国电力产业链、供应链的安全稳定。激发科创人员、科研人员的积极性，加强高端科技人才培养，促进创新链、产业链、人才链、资金链、价值链的有机衔接。国家电网将重点突破电力系统基础理论、运行控制技术等关键领域，努力创造更多原创成果。同时，加强人工智能、区块链等先进技术的应用，积极推动电网向能源互联网转型升级，为未来发展奠定坚实的基础。

随着人工智能、5G、芯片技术、传感器和物联网等技术的迅速发展，电力设备维护迎来新的机遇和挑战。已知的工况量测数据证实，在气体绝缘开关设备（GIS）内部发生局部放电（PD）时，SF_6在电弧作用下会产生SF_x和F^-，当气室内含微量H_2O和O_2时，部分离子会与这些物质发生化学反应，从而降低绝缘介质的介电特性，最终影响设备的绝缘性能。GIS内不同类型的绝缘缺陷所产生的PD特性差异显著，不同的PD造成不同的SF_6分解特性。因此，可以利用不同PD作用下SF_6气体分解产生的特征组分来判断GIS设备故障类型和严重程度。然而，SF_6气体的分解特性不仅与PD类型相关，还与湿度有关。由于GIS电气设备各气室中的相对湿度存在差异，SF_6的分解特性也随着气室相对湿度的变化而变化。因此，准确测量SF_6气体的相对湿度，对判断GIS设备故障类型和严重程度来说至关重要。

目前，电力行业广泛采用露点法对SF_6气体湿度进行监测。该方法利用镜面冷却技术，通过检测镜面上气体凝结的温度来获取气体的湿度信息。虽然露点法具有高精度的优点，但其检测条件相对苛刻，而且在检测过程中会消耗气体，存在漏气的安全隐患。

显然，针对以上问题，非常有前景的技术是声表面波传感器技术。SAW传感器具有低功耗、灵敏度高、可在恶劣环境下持续作用、可非接触式问询的特点，并且具有生产重复性好、成本低等优势。而非接触式问询的射频识别（radio-frequency identification，RFID）技术则具有成本较低、可同时识别多个对象、无须接触和无须人工干预等优点。

将SAW和RFID技术结合，可应用于SF_6气体湿度信息的实时采集和传输。声表面波射频识别（SAW–RFID）传感器标签能够实现对SF_6气体湿度的无线、无源精准监测。这种技术整合了几种先进技术的优势，为SF_6气体湿度监测提供了创新解决方案。图1-1列出了几种典型的SAW传感器。

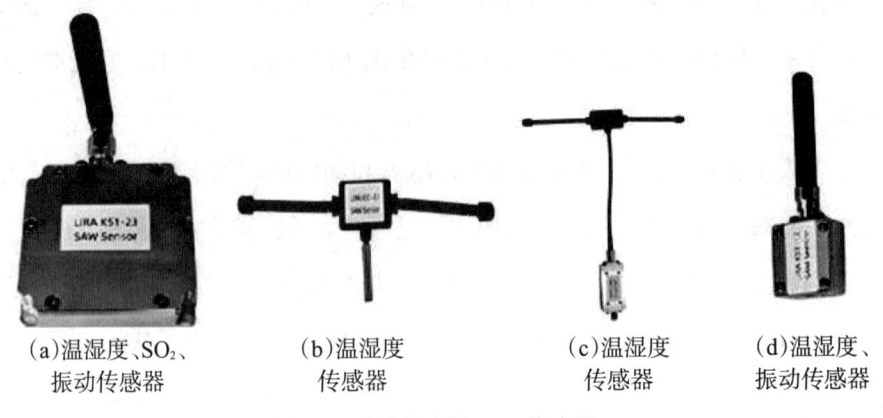

(a)温湿度、SO_2、振动传感器　　(b)温湿度传感器　　(c)温湿度传感器　　(d)温湿度、振动传感器

图1-1　几种典型的SAW传感器

近年来，我国的GIS安全事故频繁，故障率远高于国际电工委员会（IEC）和国际大电网会议规定的0.1次/100年间隔。在GIS长期运行中，局部放电、老化或机械磨损等原因可能导致GIS触头接触不良、接触电阻增大以及触头发热。触头过热可能引发触头局部炫焊、火花或电弧放电，造成设备绝缘老化，甚至可能导致设备击穿、发生火灾甚至爆炸，从而导致重大事故和经济损失。设备事故原因统计分析结果显示，由触头接触不良导致的温度升高和相应的故障占GIS故障的29%，因此，对GIS开关触头接触特性开展监测与数据分析具有很高的实用价值。

目前，常用的电气设备温度在线测量方法主要分为接触式测温和非接触式测温两种：接触式测量是指使用热敏电阻或半导体温度传感器等接触发热点并提取温度；非接触式测量是指利用红外成像仪等远程提取发热点的温度。由于GIS的特殊结构，目前现场中广泛应用的GIS触头温度测量方法包括感知测温法、接触式无线测温法、红外成像测温法和光纤测温法等。

GIS作为典型高电压设备，其运行环境常伴随高电压、大电流，导致强电磁噪声产生。在恶劣的电磁环境扰动下，温度监测系统的稳定性会受到考验，信号传输与数据采集的可靠性也会受影响。由于GIS采用封闭的金属腔体结构，内部构造复杂，绝缘需要高压强气体密封设计，直接测量触头的湿度并将其传输至外部数据处理系统的手段极为受限。为了确保弱电监测系统的可靠性，必须在监测对象和监测仪器之间建立有效的屏蔽措施和安全的电气隔离。很显然，现有的测量方法在GIS状态监测方面难以广泛应用。声表面波传感器技术同样是实现GIS开关触头实时温度监测的一种良好方式，能够帮助解决当前温度、气体、湿度监测面临的困难，确保GIS设备的安全可靠运行。当然，声表面波传感器技术在GIS设备监测领域不限于温度这一指标，本书会逐步讲解。

第二章 声表面波传感器原理及其应用

2.1 声表面波传感器原理

利用声表面波传播特性的传感器装置起源于对弹性压电材料的发现、试制和研究。按照弹性模量分类，材料通常可以被分为刚性材料和弹性材料两类。当在弹性材料上施加应力或外力时，弹性材料内部的粒子在作用力下，相对位置发生偏移。一旦内部的粒子离开平衡位置，内部将产生使其恢复平衡的作用力。这种内部力的相互作用会导致粒子以波的形式振动，从而形成声波。

压电材料还具有一种与应力成比例的电压产生效应。当施加机械应力于这些材料时，会引起原子或晶格结构的微小变化，从而产生电位差，如果在相应位置以感知电极形式捕捉这种微小变化的电荷，那么在电极之间就可能直接捕捉到这种电位差。这种现象使压电材料成为声波传感器的理想材料之一。利用压电材料的这种特性，将压电材料与表面电极技术结合制造声表面波传感器，其可以执行多种物理量（如应变、温度、压力、气体、湿度等）变化的敏感检测。

一般来说，彻体力和牵引力是影响压电材料质点内部粒子振动的主要因素，因此，可以通过 $T_n = T\hat{n}$ 得到作用在相邻质点表面上施加的力。假设质点为任意形状，它的表面积是 δS，体积是 δV。

因此，作用在质点上的总表面力可表示为应力方向的积分：

$$\int_{\delta S} T \hat{n} \mathrm{d}S \tag{2-1}$$

式中，T 为应力；$\hat{n}$ 为作用表面的外法线向量。根据牛顿第二定律 $F = Ma$，可以得

$$\int_{\delta S} T \hat{n} \mathrm{d}S + \int_{\delta V} F \mathrm{d}V = \int_{\delta V} \rho \frac{\partial^2 u}{\partial t^2} \mathrm{d}V \tag{2-2}$$

式中，F 为外部彻体力；ρ 是介质的平衡质量密度；u 为质点位移。假设质点的体积无限小，那么积分函数就是常数，式（2-2）就可以变化为

$$\int_{\delta V} (\nabla \cdot T + F) \mathrm{d}V = \int_{\delta V} \rho \frac{\partial^2 u}{\partial t^2} \mathrm{d}V \tag{2-3}$$

应力的散度为式（2-2）左端在 $\delta V \to 0$ 时的极限，即

$$\nabla \cdot T = \lim_{\delta V \to 0} \frac{\int_{\delta S} T \hat{n} \mathrm{d}S}{\delta V} \tag{2-4}$$

计算得到振动介质的平动方程为

$$\nabla \cdot T = \rho \frac{\partial^2 u}{\partial t^2} - F \tag{2-5}$$

质点应变和质点位移之间的关系可用应变-位移方程表示为

$$S = \nabla_s u \tag{2-6}$$

其中，

$$\nabla_s = \frac{\nabla u + (\nabla u)^\mathrm{T}}{2} \tag{2-7}$$

在宏观系统中，胡克定律描述了材料在一定形变范围内受力后，应力与应变呈线性关系。这意味着材料的应变既是应力的直接线性函数，也是弹性材料压力传感技术的起点理论。该定律在宏观尺度上描述了材料的弹性性质，并为材料的力学行为、力学强度的测量提供了基本原则。

在微观系统中，当介质内部同时存在应力和惯性力时，这两种力会相互作用，导致质点发生振荡。这种内部力的相互作用使质点能够在自由振动状态下做有损运动。类似地，在宏观尺度上，弹簧受到重力和弹簧的弹力作用，从而发生自由振动。这种振动是弹簧的位移随时间的周期性变化，与微观系统中质点的振动类似。

因此，无论是在微观系统，还是在宏观系统中，都存在着类似的物理原理和现象，如力和形变之间的关系、内部力的相互作用、自由振动等。由 $\boldsymbol{T} = \boldsymbol{c} : \boldsymbol{S}$ 或 $\boldsymbol{S} = \boldsymbol{s} : \boldsymbol{T}$（其中，$c$ 为四阶张量，$\boldsymbol{S}$ 为二阶张量）得到的结果为两者双点积运算的结果。$\boldsymbol{T}$ 为应力张量，单位为 N/m²，$\boldsymbol{S}$ 为应变张量，无量纲。其中，c 是弹性劲度常数，单位为 N/m²，s 是弹性顺度常数，单位为 m²/N。

弹性体中的声波传输特性方程又被称为"Christoffel方程"，计算公式为

$$\begin{cases} (q^2 c_{ijkl} l_j l_l - \rho \omega^2 \delta_{ik}) u_k = 0 \\ (q^2 \Gamma_{ik} - \rho \omega^2 \delta_{ik}) u_k = 0 \end{cases} \quad (i, j, k, l = 1, 2, 3) \tag{2-8}$$

其矩阵形式为

$$q^2 \begin{pmatrix} \Gamma_{11} & \Gamma_{12} & \Gamma_{13} \\ \Gamma_{21} & \Gamma_{22} & \Gamma_{23} \\ \Gamma_{31} & \Gamma_{32} & \Gamma_{33} \end{pmatrix} \begin{bmatrix} u_1 \\ u_2 \\ u_3 \end{bmatrix} = \rho\omega^2 \begin{bmatrix} u_1 \\ u_2 \\ u_3 \end{bmatrix} \quad (i, j, k, l=1, 2, 3) \quad (2\text{-}9)$$

联立求解振动介质的平动方程可得

$$k^2(l_{iK}c_{KL}l_{Lj})v_j = k^2\Gamma_{ij}v_j = \rho\omega^2 v_i \quad (2\text{-}10)$$

依据声波在固体中的传播路径分类，可以分为声体波和声表面波。根据声体波传播时传播方向的不同，可以将其分为纵波和横波。

纵波传播速度为

$$V_L = \sqrt{\frac{E}{\rho} \frac{(1-\mu)}{(1+\mu)(1-2\mu)}} \quad (2\text{-}11)$$

横波传播速度为

$$V_S = \sqrt{\frac{E}{\rho} \frac{1}{2(1+\mu)}} \quad (2\text{-}12)$$

式中，E 为材料弹性模量；ρ 为材料密度；μ 为材料泊松比。材料可以影响波速，常用的瑞利波波速满足式（2-13）：

$$V_R = \frac{0.87 + 1.12\sigma}{1+\sigma} V_S \quad (2\text{-}13)$$

式中，σ 为弹性体的泊松比，一般满足 $0 < \sigma < 0.5$，即瑞利波波速满足 $0.874V_S < V_R < 0.955V_S$。

为了有效利用声表面波的感知技术，首先需要研究产生声表面波的条件。声表面波器件通常由压电基片、叉指换能器（IDT）和反射栅等结构组成。这些组件相互作用，使得声表面波传感器可完成受控、声波传递和反射、压电效应转换的过程。该过程以表面波声速与被感知介质的有规模的受扰函数关系，建立对物理量变化高度敏感的特性。当然，这种函数关系在一定程度上并不是精确的，它通常以曲线拟合方式获得，因此，声表面波的感知灵敏度和精度还受到曲线拟合精度的制约。在声表面波器件中，影响声速在声表面基带上传播速度的一个重要因素是温度的变化对IDT产生的弹性声波的影响。因此，温度系数是声表面波器件的一个重要指标。

从弹性波的工作方程可以看出，温度的变化会直接影响材料的弹性性质，造成IDT产生的弹性声波的速度、波动方程的相位发生变化，从而影响声波在声表面波器件中的传播速度，而且这种影响是非常灵敏的。当声表面波器件有多个反射栅时，反射栅会因处于不同的空间位置而使感知的温度存在差异，因此，它们对温度的影响最终可能由多个不同相位的波函数叠加，产生一个叠加后的总能量。这种能量可以频率形式或延时形式测量获得，并用来表征温度参数。因此，测量温度是影响声表面波器件性能的重要因素之一，也是其最直接、最广泛的应用方式之一。当声表面波器件用作滤波器时，其温度系数可能作为重要的负面影响指标，需要通过工艺制备、信号补偿等方式修正，或降低温度对滤波器特性的影响。当声表面波器件作为温度传感器时，又需要尽可能地降低工艺制备过程中其对温度感知的抑制作用。因此，声表面波传感器和滤波器在制备工艺上有显著区别。图2-1为声表面波器件结构及其工作原理示意图。

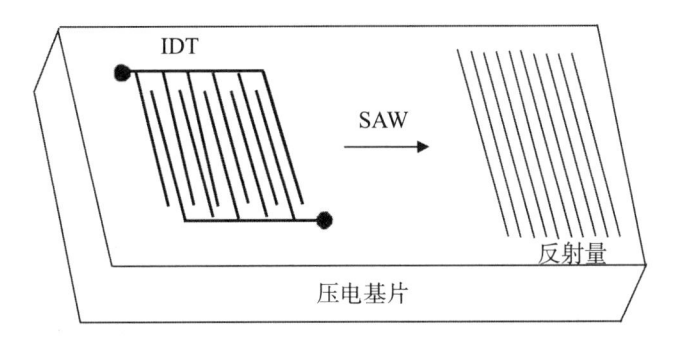

图2-1 声表面波器件结构及其工作原理示意图

在声表面波传感器或滤波器中，当在IDT两端施加交变电压时，会在IDT下方的压电基片表面和附近的空间产生交变电场。在这种电场的作用下，压电基片表面会发生微米级的机械变形，即弹性形变，从而引起声表面波的激发，因此，声表面波又被称作"弹性表面波"。外界环境的变化（如温度、压力、颗粒物等）也可能会影响声表面波在压电基片上的传播特性，其中，影响最显著的因素是声表面波的传播速度。声表面波的传播速度与外界因素的关系通常可表示为

$$\Delta v = \frac{\partial v}{\partial m}\Delta m + \frac{\partial v}{\partial c}\Delta c + \frac{\partial v}{\partial \varepsilon}\Delta \varepsilon + \frac{\partial v}{\partial T}\Delta T + \frac{\partial v}{\partial p}\Delta p + \cdots \tag{2-14}$$

式中，v 为声表面波波速；m 为质量；c 为弹性系数；ε 为介质常数；T 为温度；p 为压力。

由此可知，在上述参数中，最容易被外界改变的参数是温度和压力（包括气压或直接作用力），由于这个特性，声表面波温度传感器最容易被制造和应用。此外，通过测量温度并及时补偿温度对声速的影响，可以有效消除温度变化对声表面波传感器输出信号的影响，提高传感器的测量精度和稳定性。因此，在声表面波传感器的设计和应用中，温度补偿技术也具有重要意义，可以确保传感器在不同温度条件下的准确可靠运行，从而实现对各种物理量变化的高灵敏监测。考虑如气压、介质颗粒物、水分等因素的影响可能改变声表面波传输速率，声表面波传感器的应用环境应充分结合以上方程。

在工业领域，在典型的电力设备环境如开关柜、箱式变压器中，无源无线测温系统和声表面波温度传感器被广泛应用。声表面波温度传感器直接被安装在被测物体表面，负责接收射频信号的激励，并返回带有温度信息的信号至阅读器。在开关柜中部署无源无线温度在线监测系统，可以实时监控开关柜的运行温度，及时发现并搜集运行中的高温缺陷并提供预警。

声表面波传感器利用弹性晶体材料的压电物理特性实现了无线传输。晶体材料的物理特性的变化经压电感应原理转化为电信号。该传感器的工作原理是将射频信号发射到压电材料表面，并激励其产生压电转换效应，将受到温度影响的反射波转为电信号以获取温度数据。声表面波技术的优势在于利用传感器的被动工作原理，可在无电源、非常规环境（如高电压、高电流、高电场或高气压）下实现无线温度数据采集。

声表面波温度传感器可以理解为一种微声传感器，利用声表面波器件中的声表面波速度、相位、幅度或频率变化来反映被测温度、气体密度或气压的变化，并将其转换为电信号输出。有的声表面波传感器通过综合判别，即将声表面波裸片用于感知温度、湿度、气压的综合量，通过趋势数据分析某个设备环境的综合指标，譬如通过开关柜内部的温度、放电颗粒物或放电分解物等综合影响声表面波的特性，来判别开关柜的工作状态。图 2-2 为微水对压电材料的声表面波传播特性的影响。为了提升声表面波传感器的判别精度或灵敏度，通常情况下，这种应用环境至少布置了一路参考传感器，通过对比观测趋势曲线，可以解析出温度、放电颗粒物等。但需要说明的是，在复杂应用环境下，尤其是运行高压设备时，它的运行过程中可能出现包括气体、高压对空气击穿后的二次分解物，气压波动、湿度变化、放电引起的振动，以及运行开关重合闸引起的振动等多种不稳定、不确定因素。因此，这种综合类的传感器在工业领域中具有重要应用价值，可帮助实现对电力设备所处环境的多参数监测、预警和故障诊断。借助它的多参数灵敏感知能力，可确保设备稳定运行和保障安全性能。通过声表面波技术，可以在工业领域实现更有效的温度、气体或其他重要关联参数监测。目前，已有部分研究通过这种单一的声表面波传感器裸片开发了粗略的多参数分类解析算法，从而实现低成本、高灵敏度的多参数探测，这在现场空间极为有限的环境中体现出了巨大优势，能提高电力设备的可靠性和智能化管理水平。

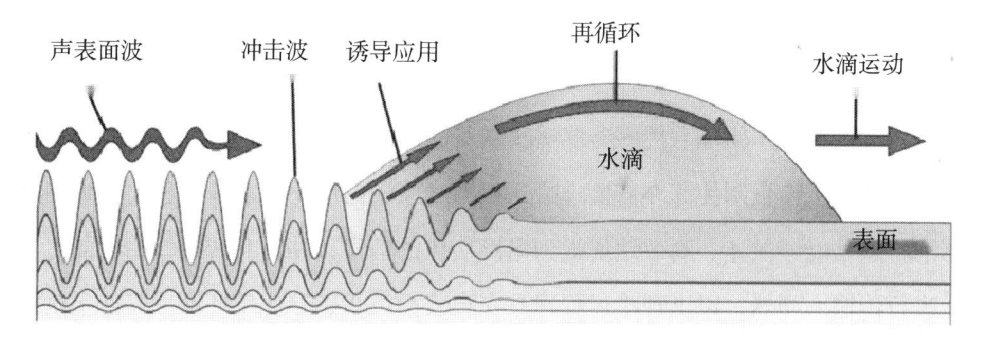

图2-2 微水对压电材料的声表面波传播特性的影响

传统的温度传感器有红外、电阻、光纤等类型。红外温度传感器极容易受到环境的影响，而且对于金属物体，其读数的波动较大。相比而言，声表面波温度、气体传感器因其能够精确测量温度、气体变化等信息，且具有体积小、易于集成电路兼容等优良的特性，已经在模拟数字通信及传感领域获得了广泛的应用。声表面温度传感器的应用原理图如图2-3所示。

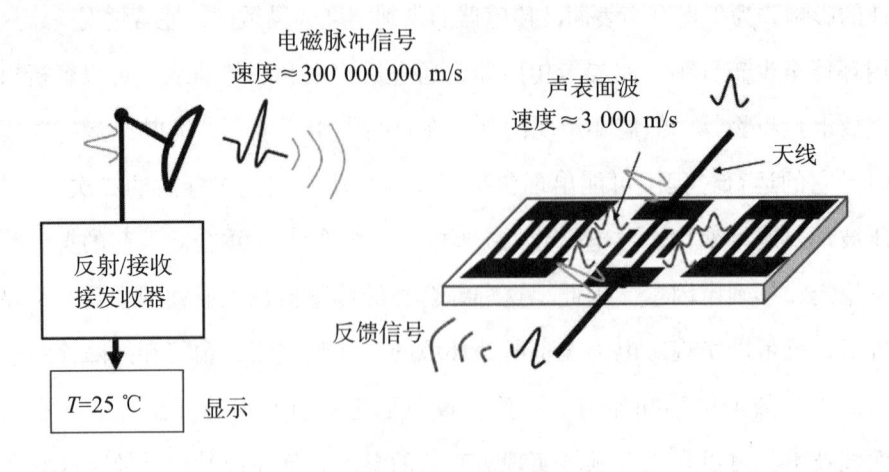

图 2-3　声表面波温度传感器的应用原理图

这种类型的传感器主要应用在需要远程监测温度的场景中。传感器接收到来自天线的激励信号后，在基片表面激活一个声表面波，声表面波随后沿着基片传播。基片表面的反射栅反射声表面波，可以形成谐振效应，而谐振的频率与基片的温度相关。传感器将谐振频率信号转换成电信号，然后通过感应天线发射出去。

通过这种工作原理，传感器能够实现对温度的远程实时监测。声表面波传感器的设计和工作机制使其在需要进行远程温度监测的应用中表现出色。这种传感器的特点是能够快速、高效地捕捉到温度变化的信号，并将其转换为相应的电信号进行传输。当然，以上理论过程建立在声表面波传感器应用环境无其他干扰量的基础上，气压不稳定、振动等可能影响温度测量的精度和稳定性。通常情况下，纯粹的温度传感器通过芯片封装技术良好地实现了标准化，防止颗粒物和气压对其产生显著影响。当需要其他测量参数时，可选用裸片，或在裸片上沉积敏感薄膜后再进行封装和标定。

2.2　谐振型声表面波传感器及其典型用途

声表面波传感器系统主要由声表面波传感芯片、射频信号读写器和天线等组成。传感芯片通常分为谐振型和延迟线型两种基本结构，在电网中用于温度、湿度、气体和标签等多种传感器。基于这些结构，结合栅条结构设计、涂覆敏感膜等方法，通过检测输出信号的频率变化或相位延迟来感知测量的物理量。传感芯片是一种压力薄片原理的 MEMS（微机电系统）器件，由压电基片、叉指换能器和反射栅组成，通过传感器天线与读写器进行信息交换。常用的压电基片材料包括铌酸锂、钽酸锂、石英晶体等，晶体切向会影响其敏感特性，因此需要根据所传感物理量的不同选择晶体切向。通常声表面波传感器芯片的厚度不超过 500 μm。然而，在实际封装过程中，可根据不同的应用环境，通过沉积硅基或其他纳米材料来提高稳定性，这一过程可能会使总厚度增加。

叉指换能器和反射栅是加工在压电基片表面的金属指条，一般使用铝或金，其厚度通常为数个微米厚度，通常采用芯片工艺级别的化学镀膜装置实现。叉指换能器通过汇流电极连接到传感器天线上，用于接收读写器发出的查询信号，并在叉指换能器和反射栅之间激励声表面波。根据叉指换能器和反射栅的布局，声表面波器件可分为谐振器类型和延迟线型。声表面波在腔体内部振荡后转化为射频信号输出至读写器，读写器与查询射频信号比较后，输出射频信号的谐振频率或相位变化，通过解调输出信号，可实现相关物理量的感知。在谐振型传感芯片中，反射栅指条宽度和相邻反射栅间隔均为波长的四分之一，使反射回波信号相位一致，增强输出信号强度，便于检测。但这种情况属于理论设计，在实际应用中，只有确定了压电材料的性质、切相角和晶体厚度，才能将叉指电极和反射栅的相对间隔按四分之一波长设计。根据实际应用案例，这种理论设计与实际存在偏差，因此，较好的调整措施是微调读写器的频率，使其与实际传感器的工作频率一致，如此才能激励最大幅度的反射信号。正如前文所述，声表面波传感器用于温度测量时，其工作的声波波速发生改变，从而使波长发生改变，设计相邻反射栅间隔为四分之一波长并不适用于温度改变后的情况，因此，在实用化、产品级方面考虑设计反射栅时，优选对反射栅进行"粗犷"设计，使其具有最大反射增益的波动空间。

当压电基片的温度等特性随环境变化时，声表面波的传播速度改变，导致输出信号频率变化。通过检测输出信号频率，就可以实现相关物理量的感知。通过合理设计反射栅间隔，改变传感芯片中心频率，可以设计多个防碰撞的谐振型传感器芯片。由于传感器芯片的中心频率因被测参数发生改变，因此不同的读写频率的增益是不同的，这对读写器的灵敏度和数据解读提出了要求。

除了传感器，SAW标签也具有显著优势。SAW标签无源无线，具有众多传统IC标签（集成电路标签）所无法比拟的优势。因此，SAW-RFID系统的重点在于SAW标签的制作。SAW射频标签类型多种多样，其同样有谐振型结构和延迟线型结构两种。

谐振型SAW标签栅条结构如图2-4所示，其由压电基底、叉指换能器和反射栅构成。它在工作时，当在叉指换能器两端施加电场时，压电基底表面会激发声表面波，声波从叉指换能器端传播到反射栅，在反射栅处的部分声信号因反射作用改变方向，这部分声波反射回叉指换能器端并转化为电信号输出，其余的信号继续传播到后续反射栅。如图2-5所示，器件可分为单端口（一个叉指换能器）和双端口（两个叉指换能器）类型，两端均有反射栅，包括短路反射栅和开路反射栅。通常，谐振型器件具有高的 Q 值（品质因数），损耗低且性能优越。经过优化设计，谐振型声表面波器件的 Q 值可达到20 000以上，插入损耗可控制在6 dB以下。较高的 Q 值、较低的损耗使谐振型声表面波器件在各种应用场景下能够稳定、高效地工作，从而为各种物理量的感知提供了可靠的手段。

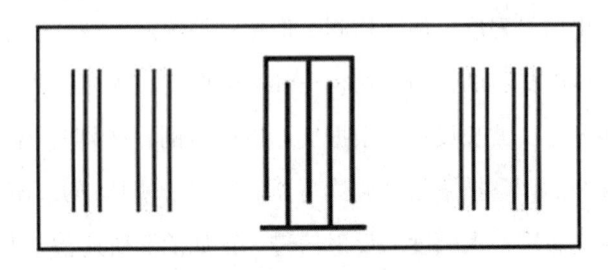

图2-4 谐振型SAW标签栅条结构

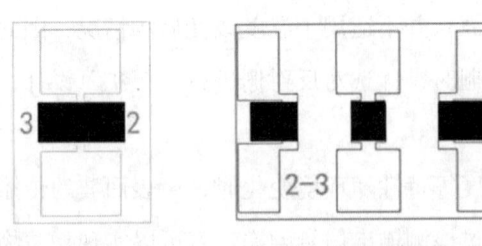

(a) 单端口谐振型　　(b) 双端口谐振型

图2-5 单端口和双端口的SAW谐振器结构

2.3 延迟线型声表面波传感器及其典型用途

最早在20世纪80年代，就有人提出了一种基于延迟线型的SAW无源无线传感技术，即声波在压电衬底上传输、反射，并重新转化为电磁波信号，具有一定的时延。这种系统具有通过天线与外界通信、无须电源供电的特性。这一构想被西门子等研究机构广泛研究，且成功应用于高速公路收费、汽车胎压检测等场景。当前，国外已经出现了无线无源SAW传感器系统的商业化产品，如汽车过桥自动收费系统、火车进站定位系统、胎压监测系统等。在温度监测方面，美国能够检测的温度量程范围为150~900 ℃，该系统的测量精度为10 ℃，能够持续工作500 h。2019年，有学者提出了一种能够用于地下监测埋地设备温度变化的无线无源SAW传感器系统，其监测的灵敏度为0.3 MHz/℃。国内在无线无源SAW传感器系统方面的研究起步较晚，在20世纪90年代才开始对无线无源SAW传感器进行研究。他们从系统的软件和硬件入手，利用限幅放大器拓宽了系统的动态响应范围，同时改进了相关算法，以提高其对传感器回波信号中心频率的计算精度，并且加快了扫描的速度。目前，已有结合多点抛物线逼近和移动的平均算法，实现了-30~100 ℃范围内±0.2 ℃误差的技术。

与之对应的是，延迟线型器件的压电衬底表面通常沉积有两个以上的叉指换能器。延迟线型SAW器件结构如图2-6所示。它在工作时，施加电场到输入叉指换能器端后，压电衬底表面会激发出声表面波，声波从输入叉指换能器处传输至输出叉指换能器，然后被转换为电信号输出。根据叉指换能器的不同结构，延迟线型声表面波器件可分为非色散延迟线型和色散延迟线型：非色散延迟线型主要应用于脉冲相位编码方面；色散延迟线型声表面波器件在脉冲雷达、鉴频器等领域具有广泛应用。

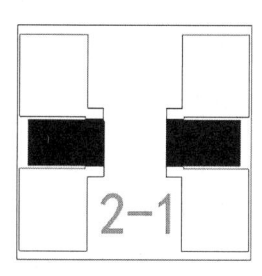

图2-6 延迟线型SAW器件结构

在延迟线型器件的表面上,声波的传播受到声表面波的波速v_s和叉指换能器之间的距离l的影响,因此导致不同的延迟时间τ,其关系可以用$\tau = l/v_s$表示。在设计延迟线型声表面波器件时,首要任务是准确确定设计指标,包括延迟时间、谐振频率、插入损耗、带宽等参数。一旦确定了这些指标,就可以根据压电基底的参数、叉指换能器结构与器件性能之间的关系来选择合适的压电基底,并设计叉指换能器的参数,如a(叉指指宽)、p(叉指周期)、N(叉指对数)、W(孔径)、d(指间距离)等。

由于延迟线型器件的参数与压电基底表面声波的波长相关,并且声波的传播速度比电磁波的传播速度慢得多,因此,通常这类器件的尺寸比谐振器稍大。声表面波的穿透纵波深度一般较浅,且衰减迅速,它在压电基底表面横向传播,方便处理信号。此外,在制造延迟线型器件时,常采用半导体工艺,当前这方面的技术非常成熟,非常适合用于批量制造延迟线型器件。这些特性使得延迟线型声表面波器件在不同领域都有着广泛的应用前景。

2.4 声表面波技术的应用

2.4.1 声表面波技术在温度监测方向的发展

为解决电力系统中温度检测存在的环境复杂、非接触、精度低、成本高等问题,某大学研发了一种创新的无源无线声表面波智能温度传感器,可应用于智能变电站中。他们对此进行了深入研究,包括温度传感器的检测机理和传感器收发系统。基于此技术,他们建立了智能变电站温度检测系统。试验结果显示,这种无源无线声表面波温度传感器能够解决电缆接头、开关柜、隔离开关等电力设备测温方面的安装不便、强电磁干扰、工作环境高温和信号传输困难等问题。这一创新技术不仅为电力系统温度检测提供了高效可靠的解决方案,同时为智能变电站的温度监测和管理带来了重大进步。

对于电力系统中的温度检测,由于电力设备在高压、高电场、强负荷、长时间不间断运行的情况下工作,因此对温度检测设备的抗干扰性和可靠性的要求较高。周围分布着强电场的高压电力设备时,要求温度检测传感器具备无源或自给能力，以确保电力设备的安全性。此外，电力设备之间需要保留特定的安全距离，因此检测装置的体积应尽可能小。为适应各种型号的电力设备安装，设备维护周期也应尽可能长，以确保电力设备的长期安全运行。

研究人员通过研究射频能量收集技术在监测电力系统温度变化方面的应用潜力，开发了一种基于射频能源的声表面波温度传感器。该系统由双通道读取器和多个传感器节点组成，传感器节点从读取器传输的能量中获得能量，射频能量作为唤醒信息传输打开传感器，避免数据冲突。射频能量收集技术被证明非常适用于电力设备的声表面波传感器技术。

国内某研究团队以 YZ 切 $LiNbO_3$、128°YX 切 $LiNbO_3$、ST 切石英和 YX 切石英等不同压电敏感材料为基底，设计并制作了单端口谐振型声表面波温度传感器。研究结果表明：$LiNbO_3$ 材料的传感器具有较大的频率温度系数；在 0~80 ℃范围内，不同材料的声表面波温度传感器具有线性的温度频率特性；石英传感器相对于 $LiNbO_3$ 传感器具有更大的品质因数和更强的回波信号。这些研究成果对单端口谐振型声表面波温度传感器的设计和制作具有普遍意义，并为在复杂多变环境中应用的声表面波传感器提供了重要的指导。

此外，在交通运输领域，声表面波温度传感器也显示了广泛的应用潜力，如反映列车车轴的状态。随着列车运行速度的增大，车轮与铁轨之间的摩擦冲击加剧，车轴振动幅度和动力效应增大。通过监测车轴轴温和振动情况，可以直观地了解列车车轴的运行状况。通过无源无线传输方式，声表面波传感器可以固定在振动轴承上，且读写器可以在固定位置读取不断旋转的声表面波传感器。

声表面波温度传感器系统主要包括声表面波温度传感芯片、信号读写器及无线中继、后台监控系统。声表面波温度传感器能够实现无线通信，每个读取器可以对应多个探测点，易于扩大规模和升级系统，这种方式通常以多个 RF switch（射频开关）实现。信号读写器将温度信号处理为数字信号，并通过有线网络或远距离光纤传输至后台监控系统，实现长距离无线中继传输。后台监控器可以同时控制多个读取器，每个读取器可对应多个声表面波温度传感器。

2.4.2 声表面波技术在湿度监测方向的发展

在常规的环境中，湿度是一个很难准确测量的参数。因为湿度测量需要具有高灵敏度、快速响应、温度高等性能。

国内某课题组对声表面波传感器在湿度测量方面进行了深入研究，他们通过分析声表面波传感器的扰动理论模型和响应机理，为湿敏材料的选择和结构设计提供了理论依据，进而使用精密光刻工艺制备了高频的声表面波单端谐振器作为湿敏传感器的基本换能元件。此外，他们还研发了性能优越的声表面波高频振荡电路、驱动电路及检测系统，并设计了一种新型的叉指电极串联式声表面波传感器结构，为高频声表面波传感器的设计提供了新思路，以满足湿度检测的需求。

尽管声表面波芯片沉积湿敏薄膜后具有很高的湿度检测灵敏度，但同样存在着可靠性问题。这种湿敏薄膜存在寿命短、多次可逆后灵敏度下降等问题。

湿度检测的应用场景多，既可用于低湿度环境的物理监测，也可用于高湿度环境的设备运行可靠性监测，因此，对湿度敏感薄膜的制备工艺提出了不同的要求。目前，采用化学方法的敏感薄膜原理的声表面波传感器有效性在5年以内。成都高斯电子技术有限公司推出了50%湿度以下典型应用场景的高可靠性、非化学膜感知的声表面波温湿度一体传感器，利用多个声表面波谐振器和延迟线结合的方式，不依赖化学材料，可应用在不同湿度指标的场景中，具备20年以上的标称使用寿命，可长期置入建筑物、电力设备本体、设备工作腔体、电介质液体、油化系统中进行无线无源湿度状态监测。

为适应环境多变、发展迅速的智能生活模式，声表面波传感器将朝着微型化、灵活化、智能化、多功能化、可置入式、高精度和高可靠性等方向不断发展。声表面波传感器的研究重点包括研发和制备新型器件敏感材料、加强声表面波传感器的理论设计以指导智能化和微型化的发展，以及发展集成工艺使传感器与多种设备兼容。这些研究重点将有助于提高声表面波传感器的性能和可靠性，使其更好地适应未来的应用需求。

第三章 声表面波传感器的设计思路与方法

声表面波是沿物体表面传播的一种弹性表面波。声表面波是英国物理学家瑞利（Rayleigh）在19世纪80年代研究地震波的过程中偶然发现的一种能量集中于弹性介质表面传播的声波。研究发现，声表面波包括横波和纵波，其中，纵波衰减较大，目前被用于高于3 GHz领域的滤波器设计，本书主要讨论声表面波中的横波。

3.1 基于声速感知技术的传感器工艺设计

声表面波技术在温度感知领域的广泛应用源于温度对弹性声波在IDT上的传播速度产生的干扰作用，这会直接影响声速在SAW基带上的传播速度。因此，测温成为当前声表面波技术最直接、最广泛的应用方式之一。其中，典型应用如在变电站开关柜中部署的无源无线测温系统，采用声表面波温度传感器进行温度监测。这些传感器直接安装在被测物体表面，接收探测射频信号，然后返回带有温度信息的射频信号给读取器。

通过在开关柜中应用无源无线温度在线监测系统，可以实时监控开关柜的运行温度，及时监测和记录运行中的异常情况。通过比较分析不同厂家、型号、结构和安装方式的开关柜的温度数据，可以协助评估不同条件下开关柜的质量、稳定性，以及不同安装方式对开关柜运行情况的影响。

3.1.1 地址识别的光刻电子标签

利用声表面波技术的电子标签始于20世纪80年代末，它是有别于IC芯片识别的另一种新型非接触自动识别技术。将RFID分成SAW-RFID和IC-RFID，需要说明的是，SAW RFID也属于无芯片电子标签系统。

如果声表面波遇到了机械压力或其他不连续表面，那么声表面波会出现不规则的反射。自由表面与金属化表面之间的过渡就具有不连续性。因此，可以用周期性配置的反射条作为反射器。如果反射周期与半波长相符，则所有反射重叠起来的相位是相同的。因此，对于固有频率来说，发射率达到最大值。当然，如果在声表面波传播介质中面临不规则的阻碍物，如气体分子、颗粒物、温湿度梯度等，那么多次反射或不规则反射就会形成声表面波叠加，等效于多个不同初始相位和幅度的正弦波和余弦波叠加，在最终的叉指电极形成声-电转换的压电效应时，发射给阅读器的无线信号将会表现出以一个或多个峰值为中心频率且具有多个旁瓣谐波的频谱信号。因此，SAW传感器配套的阅读器数据解读必须考虑到宽频、谐波量等的影响。单纯地考虑反射周期与半波长的最大反射关系并不符合在被测物体参量变化时引起波长变化的实际情况。

对于纯标签，SAW无源电子标签采用反射调制方式完成电子标签信息向阅读器的传送，标签和阅读器的工作方式存在差异。由于标签主要是利用内部反射栅的位置实现二进制方式地址获取，因此通常已经进行完好的封装，即使受温度等的影响，并不改变反射栅之间的二进制关系。二进制形态传感器的配套阅读器同样如此，它并不过度关注频谱信息，而是关注反射回波信号的时域特征，但对于谐振型非地址标签的情况，阅读器又将频谱信息作为重点指标。

因此，在硬件结构上，SAW标签由叉指换能器和若干反射器组成，换能器的两条总线与电子标签的天线相连接。阅读器的天线周期性地发送高频询问脉冲，在电子标签天线的接收范围内，被接收到的高频脉冲通过叉指换能器转变成声表面波，并在晶体表面传播。反射器组对入射表面波部分反射，并返回到叉指换能器，叉指换能器又将反射声脉冲串转变成高频电脉冲串。如果将反射器组按某种特定的规律设计，使其反射信号表示规定的编码信息，那么阅读器接收到的反射高频电脉冲串就带有该物品的特定编码。通过解调与处理，达到自动识别的目的。SAW标签属于非存储型的反射栅结构制造的编码规律，在生产制造时就已经固定，不受电场影响，具有不可擦除修改的特点，因此，在特殊场合如铁路系统、桥梁、机车领域的身份识别或位置识别等方面的应用备受青睐。

3.1.2 声表面波传感器与电子标签结合

声表面波传感器的基材和感知层是通过光刻工艺进行设计的，没有存储器件，从而具有较好的耐高温、抗擦除特性。同样地，由于缺乏地址存储器件，多个传感器的监测应用受到了限制。为了解决这一问题，发展出了 SAW 电子标签，这种标签在环境极限、寿命等指标方面均优于普通 RFID 电子标签。此外，SAW 技术还具备辐射小、传输距离远、耐受较高温度的优点。

结合 SAW 电子标签与 SAW 传感器技术，开发解决了传感器缺乏地址存储器件的问题，从而扩大了应用范围。在 SAW 识别系统中，与 IC-RFID 类似，将声表面波电子标签安装在被识别对象上。当带有电子标签的对象进入阅读器的范围时，阅读器会侦测到电子标签的存在，发送指令脉冲并接收返回的脉冲信息，实现自动识别。

声表面波的传播速度较低，因此，有效的反射脉冲串会在几微秒后才回到阅读器。在这段延迟时间内，来自阅读器周围的干扰反射时间通常小于声表波传感器的反射时间，因此，当声表面波反馈信息回来时，周围物体的电磁反射信号已经减弱，不会对声表面波电子标签的有效信号产生显著干扰。

由于 SAW 器件本身在射频波段工作，它是无源的，且具有较强的抗电磁干扰能力，因此，通过 SAW 技术实现的电子标签具有独特的优势，可以作为对集成电路技术的有益补充。通过 SAW 技术实现的电子标签的主要特点如下：

（1）读取范围大且可靠，可达数米；

（2）可使用在金属和液体产品上；

（3）标签芯片与天线匹配简单，制作工艺成本低；

（4）不仅能识别静止物体，而且能识别速度达 300 km/h 的高速运动物体；

（5）可在高温差（-100～300 ℃）、强电磁干扰等恶劣环境中使用。

SAW 标签与传感技术结合，可以应用于测量压力、应力、扭曲、加速度和温度等参数的变化，用于铁路红外轴温探测系统中的热轴定位、轨道平衡、超偏载检测系统以及汽车轮胎压力等领域。在这些应用领域中，SAW 技术展现出了强大的适用性和灵活性。

对于与SAW标签结合的典型SAW气体传感器，它的传感器单元通常由压电基底材料、激励声波的金属换能器（IDT）和气敏薄膜组成。压电基底材料通常采用抛光的石英、LiNbO$_3$晶体、LiTaO$_3$晶体，或ZnO、AlN等材料制备。制备叉指换能器需要在压电基底上蒸镀金属薄膜，然后利用掩膜或投影曝光等技术形成叉指换能器图案，最后通过化学湿法腐蚀或等离子体干法刻蚀制备出叉指换能器，以激发超声频段的声表面波。

作为SAW气体传感器的敏感薄膜材料种类繁多，通常包括有机聚合物、超分子化合物、无机膜材料、分子液晶材料、生物分子，以及纳米材料等不同类型。敏感薄膜材料的涂覆可以通过直接涂层法、单分子膜制备技术、电化学聚合技术、自组装单层膜技术等镀膜工艺来实现。这些敏感薄膜材料的应用使得SAW气体传感器能够在各种环境中准确地检测气体参数的变化，并在多个实际应用场景中发挥重要作用。含气敏薄膜的SAW延迟线型气体传感器结构如图3-1所示。

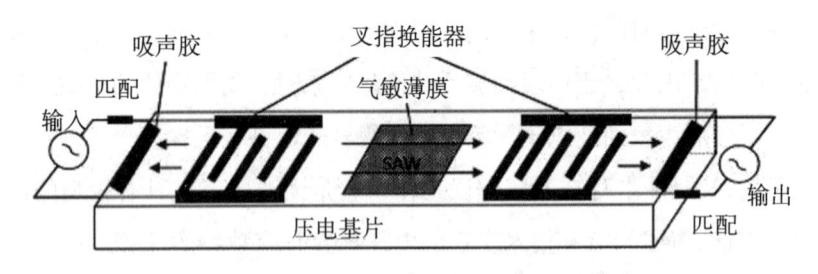

图3-1 含气敏薄膜的SAW延迟线型气体传感器结构

目前，有源有线的SAW气体传感器较多，要实现无线传输，需要面临多个制约因素，如地址栅占用传感器基片尺寸、功耗、传输距离、工作频带等问题。要解决无线无源传感器的传输距离问题，特别是声表面波传感器所面临的尺寸、频率和功率等方面的挑战，可以采取一些策略来优化传输性能。

目前，声表面波传感器通常基于接收到的高频信号来提供驱动能量，并利用内部叉指换能器的谐振和声表面波传输基带上的特征参数感应产生差频反射信号，再通过天线回传。为了解决传输距离这一瓶颈，可以通过设计不同的谐振器和传输基带的长度来调整反射能量和谐振频率，从而实现更远距离的传输。一种解决方案是优化叉指换能器的设计，包括调整叉指换能器的结构和尺寸，以实现更有效的谐振效果，提高能量转换效率。另一种解决方案是对传感器的基带结构和谐振器进行调整，可以改变传感器的谐振频率，使其适应更远传输距离的需求。通过调整这些设计，可以使声表面波传感器在更广泛的距离范围内实现可靠的无线传输。

另外，也可以考虑提高发射功率以增加传输距离。通过增加硬件采集终端的功率输出，以及优化天线设计和定位，可以扩大信号覆盖范围，并进一步增加传输距离。同时，使用更适合长距离传输的频段也是一个有效的方法。

综上所述，通过优化叉指换能器设计、调整基带结构和谐振器、增加发射功率，以及选择合适的频段等方式，可以有效解决声表面波传感器在传输距离方面所面临的挑战，从而实现更远距离的无线传输。

不论是纯SAW标签，还是带传感功能的SAW标签，与之配合的阅读器同样重要。阅读器的发射功能、天线角度、解读信息的速度和精度都会影响最终的测量精准度。SAW气敏器件读写框图如图3-2所示。典型的阅读器功能模块电路分为模拟部分和数字部分：模拟部分由振荡、带通、混频、低通电路组成；数字部分由整形电路和基于FPGA的数字计频组成。然后对谐振式SAW的模拟部分和延迟线型SAW的模拟部分电路进行集成设计与仿真。

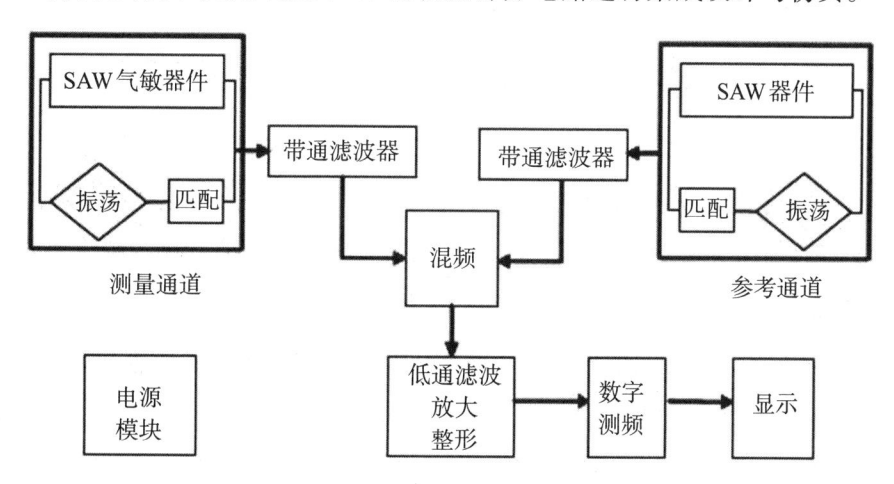

图3-2 SAW气敏器件读写框图

需要补充说明的是，在很多场合，对于带SAW标签的传感器，其SAW标签和传感功能并不是完全独立的，有的传感器通过读取SAW标签的二进制序列之间的相对时差实现温度或气体测量，因此，在阅读器具备足够读取精度的情况下，结合相关算法，可以在纯SAW标签的地址读写基础上实现传感功能，以进一步减少设计、制造成本。

3.2　声表面波传感器多参数测量的技术关键点、难点及解决措施

　　声表面波传感器的核心在于其谐振器和敏感基带添加物。合理设计谐振器是决定声表面波传感器实现多参数测量功能的关键因素。声表面波在横向和纵向均有传输，其传输速度取决于材料的弹性模量和密度。当声表面波遇到波阻抗不匹配的不连续物质时，会以瑞利波的形式发生反射。通过合理设计反射条件，可以激发声波并感应外部参数的响应条件。

　　同时，通过对多组谐振器进行并联应用，可以在横向传输基带上涂抹不同的敏感材料，从而实现多参数的测量。通过设计不同的谐振器结构和位置，并结合不同的敏感基带添加物，可以使声表面波传感器在一个设备内实现对多个参数的同时测量，提高其测量的多功能性和灵活性。这样的设计使得声表面波传感器能够更加广泛地应用于各种需要多参数监测和测量的领域，为实现精准监测和控制提供了有力支持。声表面波传感器在多参数测量方面面临一些问题。图3-3、图3-4、图3-5分别从典型的单参数谐振型SAW传感器结构、典型的气体组分与频率偏差的关系、Chirp叉指电极和地址标签一体化传感器等方面进行介绍。其中，图3-3指出了基于气敏涂层和反射栅地址的结构，这是一种为解决反射能量不足和地址识别双重问题而设计的不均匀反射栅结构。图3-4是典型的气体组分与频率偏差的关系图，通常在一定时间内，通过调整标准气体的成分含量来评估SAW传感器的灵敏度和响应速度。图3-5是Chirp叉指电极和地址标签一体化传感器，它在一定程度上解决了弱信号的传输读写问题。

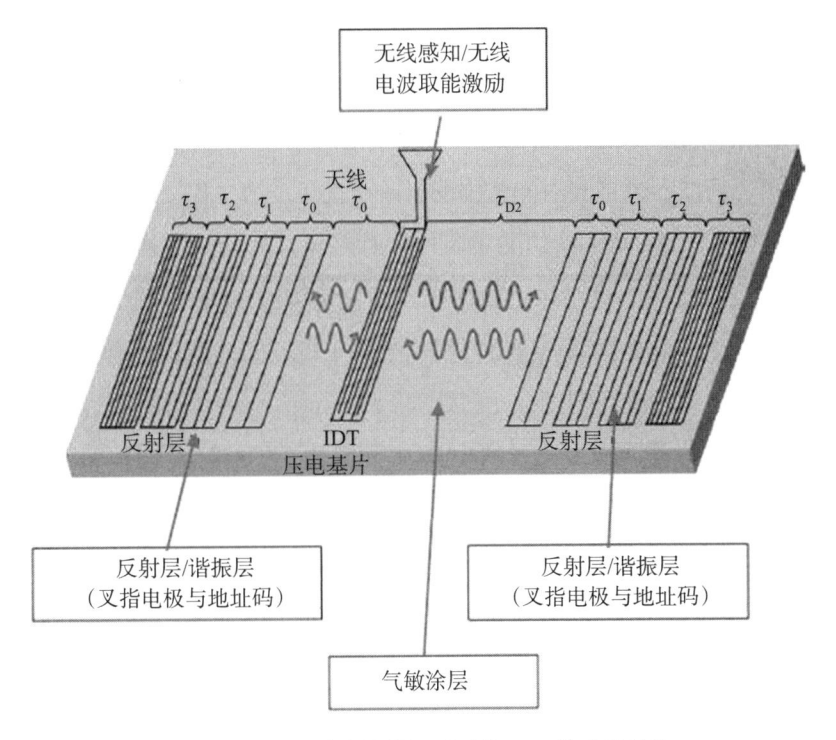

图 3-3　典型的单参数谐振型无线 SAW 传感器结构

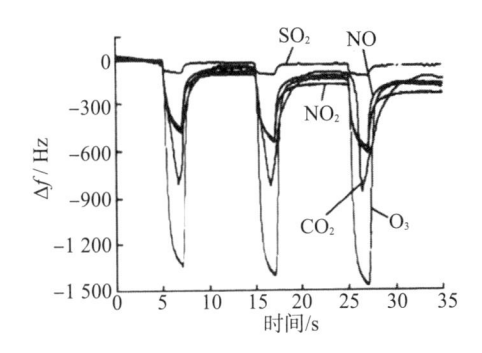

图 3-4　典型的气体组分与频率偏差的关系图

图 3-5　Chirp 叉指电极和地址标签一体化传感器

目前，多参数感知要么会增大SAW传感器基材的尺寸并同步增大损耗，要么会因为地址不足问题影响应用环境，或因为读写器功率不足导致读写距离太近，或面临气体成分或浓度变化时气敏薄膜响应速度缓慢的问题。

尽管声表面波器件本身有非常强的电磁干扰免疫力，但受到电磁波能量驱动方式不同的影响，SAW工作的能量条件会有差异，因此，转换出来的信号强弱和稳定性也会对最终测量结果造成影响。即使SAW已经非常灵敏地感知到被测参数，但是由于传输干扰或阅读器反射信号的干扰，阅读器识别有效信息的能力减弱，因此需要针对该问题进行专门处理。

基于正交序列的冲击雷达波的SAW解码方式在国外已经出现，该技术通过解决地址和抗干扰问题来提高SAW系统的性能。然而，这种解码方式目前仅适用于单一参数测量，无法实现多组分测量，在复杂的多参数测量架构下，SAW传感器的损耗增大，现有的读写架构即使没有地址冲突问题，也会面临功率弱、读写距离近的问题。

尽管正交序列的SAW编码技术在提升系统稳定性和准确性方面取得了进展，但在多参数测量方面仍存在局限性。对于需要同时测量多种参数的应用场景，基于正交序列的冲击雷达波的SAW解码方式可能无法满足需求。在设计多参数测量系统时，需要考虑如何结合不同传感器或传感器组件，并采用适当的解码方式来实现对多组分的测量。因此，为了实现多组分测量，可能需要探索其他解码方式或结合不同的传感技术，以满足复杂多参数测量的要求。综合考虑技术发展和应用需求，有可能通过进一步研究和创新来拓展SAW技术的应用领域，以实现多参数测量的目标。目前已知的主要几个技术如下：

（1）改进反射电极结构或叉指电极的结构，即从SAW电极排列的思路出发，实现特性频带的高Q值，抑制其他干扰频带的信号；

（2）优化天线设计；

（3）改进基材成分，如采用损耗小和波速较优的器材；

（4）改进阅读器的电磁信号，如采用Chirp、扫频波、双频波等；

（5）优化SAW电极的设计，提升灵敏度，如采用多频率谐振方案，可以结合群脉冲扫频，产生多相位的声表面波的叠加感知技术。

3.3 基于SAW的多参数测量设计

现有的用于电力系统的声表面波传感器还处于探寻应用阶段，其主要用途是无线测温，不具备多参数测量与感知能力。本节提出的多参数测量，会产生多个频率信号，每个环节的参数测量导致的频率偏移量是不同的。因此，在无线接收终端会发现多个频率信号，需通过频谱处理或包络线处理技术对特征频率量进行提取才能达到多参数测量的最终目的。

典型的多参数测量的测控流程如图3-6所示。

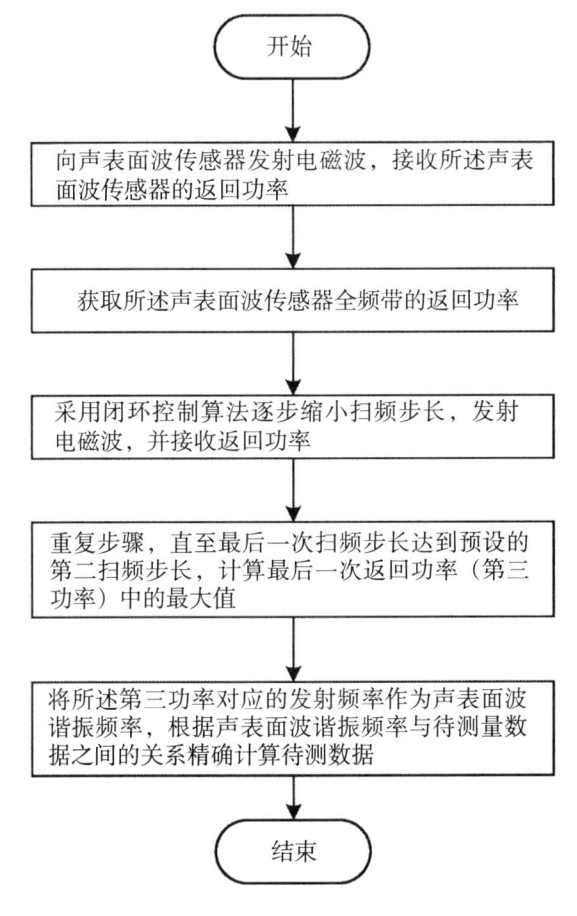

图3-6 典型的多参数测量的测控流程

SAW传感器接收发射/反射一体终端的电磁波（如ISM工业频段2.5 GHz），

通过内部叉指电极，在谐振频率下传递电磁波，实现高 Q 值传递，非谐振频率信号受到高度抑制。叉指电极谐振时，产生机械振动，即声表面波沿表面传播，感应敏感材料或物理转换组件，产生声波反射或改变原有反射的相角和幅度。反射信号与原信号叠加，降低传播能量和速率，到达出口叉指电极，实现声-电转换。在声表面波的传递过程中，敏感材料振动反应导致速率调整，影响叉指电极谐振频率。天线发射的频率与接收频率的差异和被测参数高度线性关联。接收终端复杂，包括振荡器、发射端、接收端、射频开关、频谱分析、微处理器等，通过精确控制实现信号的测量和分析。无线 SAW 温度传感器阅读装置的硬件架构如图 3-7 所示。

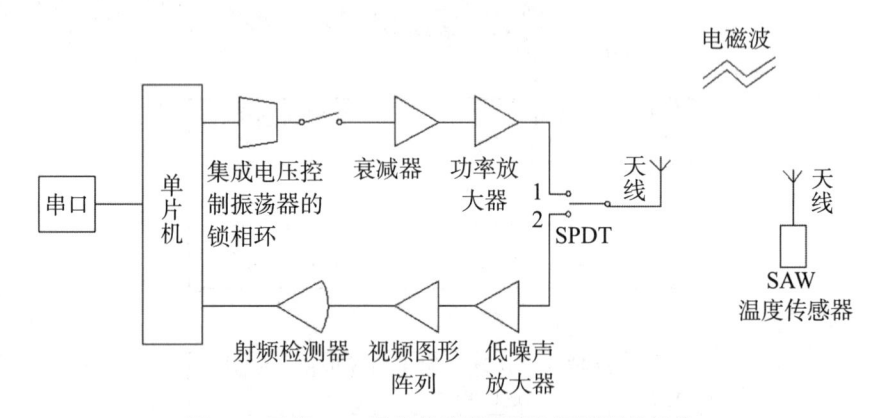

图 3-7 无线 SAW 温度传感器阅读装置的硬件架构

不同感知量情况下的频域偏移特性如图 3-8 所示。

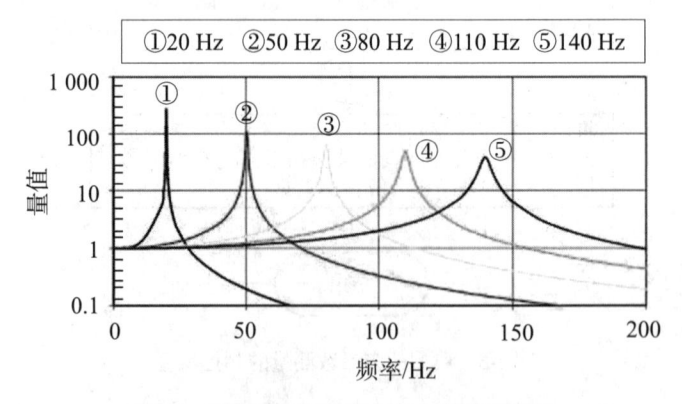

图 3-8 不同感知量情况下的频域偏移特性

通过无线方式发送无线电波，该无线电波能触发声表面动作，无线电波通过叉指电极转换成声波，声波通过传感器内部的延迟线以低于电磁波百万级别的低速率传输，传输过程中，感知层的气敏涂层、感温涂层等会改变传输速率。该传输速率最后达到反射层的叉指电极，产生声-电转换，又恢复成电信号。但由于受到气敏层的影响，该速度变化后，转换后的电信号频率与原发射端的频率发生了改变，该频率与被测参数呈线性关系，从而只需要获得频率差，就可以实现测量参数的功能。

声表面波气体传感器测试标定示意图如图3-9所示。通过色谱监测装置，气体施加到声表面波传感器，借助无线数据的频率采集获得差频，然后得出目标值，将其与色谱仪参数进行对比。对于振动参数，同样可以通过相关平台进行对比。

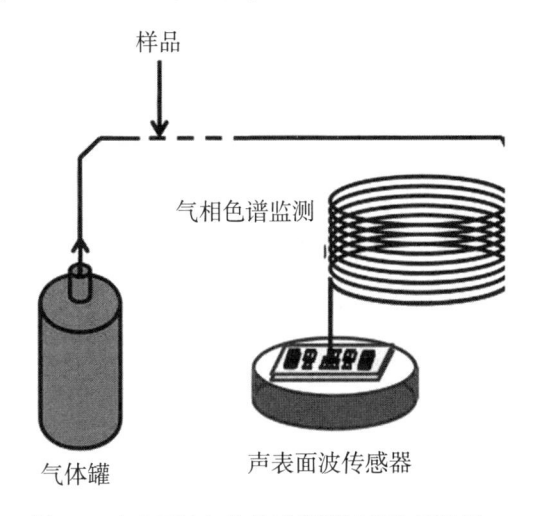

图3-9 声表面波气体传感器测试标定示意图

目前，已经可以通过气敏薄膜实现多种气体的测量，如H_2S、SO_2、CO、CO_2、H_2等。气敏薄膜与声表面波结合的主要方法是在声表面波延迟线上沉积气敏薄膜材料，气敏薄膜厚度需要根据延迟线和声表面波基材进行优化设计。图3-10、图3-11和图3-12分别列举了对气敏薄膜的放置所采取的不同方案。

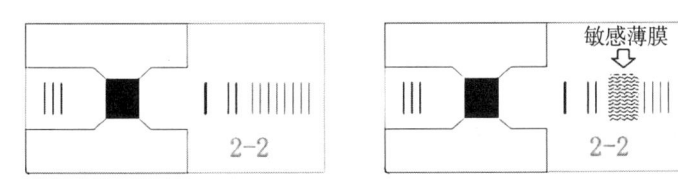

图3-10 时域法译码结构

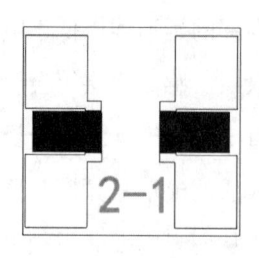

图 3-11　频域法译码结构

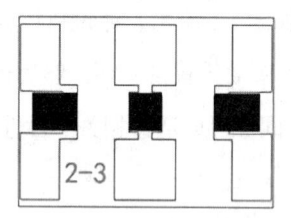

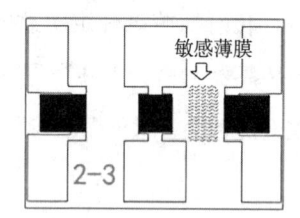

图 3-12　差分测量结构

双向气敏薄膜有利于提升灵敏度，单相气敏薄膜有利于实现更好的环境误差校验。当然，还可以采取每个组分带参考的独立 SAW 结构，但为了降低 SAW 波的纵向传输速率，需要在参考 SAW 和测量 SAW 时直接设计声波吸收器，如图 3-13 所示。

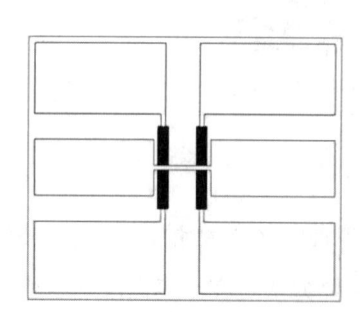

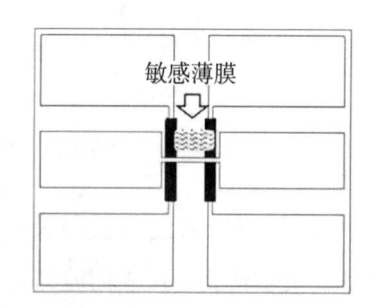

图 3-13　带参考的声表面波传感器

如果采取阵列式的 SAW 测量方式，优选单相差分测量架构。阵列式 SAW 详见后续说明。

3.4　耐高温基材选取

在高温环境下应用的 SAW 标签或 SAW 温度传感器主要由压电基片、叉指换能器、反射栅和天线组成，有些还封装了必备的一些导热组件。压电基片材料对 SAW 传感器的性能起着关键作用，同时也决定了 SAW 传感器适用的工作范围。压电基片在 SAW 传感器中扮演着能量转换和传播的重要角色。压电基片的物理特性和热稳定性会直接影响整个 SAW 传感器在高温环境下的工作效果和可靠性。选择适合高温环境的压电基片材料对保证 SAW 传感器在极端条件下的正常工作来说至关重要。

因此，设计在高温环境下应用的 SAW 传感器时，需要仔细选择和评估压电基片材料，确保其能够耐受高温环境，并具有良好的性能表现。选择合适的压电基片材料，可以提高 SAW 传感器在高温环境下的稳定性和可靠性，从而满足特定应用场景下的需求。

为了阐述工作原理，这里的 SAW 传感器与 SAW 标签默认具有相同的特性指标，不作严格区分。常见 SAW 基材的参数表见表 3-1 所列。

表 3-1 常见 SAW 基材的参数表

材料	晶体切向	耦合系数/%	温度系数/$(10^{-6} \cdot \text{℃}^{-1})$	波速/$(\text{m} \cdot \text{s}^{-1})$	最高温度/℃
$LiNbO_3$	Y、Z	4.6	94	3 488	~500
$LiTaO_3$	Y、Z	0.74	35	3 230	~500
石英	ST	0.16	0	3 157	550
硅酸镓镧	Y、X	0.37	38	2 330	>1 000
SNGS	Y、X	0.63	99	2 836	>1 000

声表面波器件所用的压电材料有石英（SiO_2）、铌酸锂（$LiNbO_3$）、钽酸锂（$LiTaO_3$）等。由于 GIS 中的工作环境温度在 250 ℃ 左右，结合各种压电材料在应用中的局限性，可采用以蓝宝石为基底的氮化铝（AlN）薄膜或钽酸锂（$LiTaO_3$）与硅片结合作为 SAW 标签的压电基片。

3.5 阵列式声表面波架构设计与算法

经过调研和方案论证，优选阵列式的 SAW array 测量方式，它们共用一个天线结构，输出端各频率以混频方式输出，然后在软件层进行解析。离散 SAW 气体传感器阵列结构如图 3-14 所示。

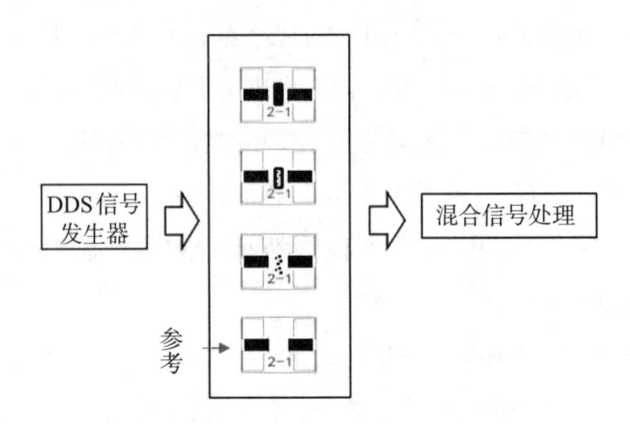

图3-14 离散SAW气体传感器阵列结构

软件层解析包括时域解析和频域解析。时域解析可以观察出各阵列的相位差，基于相位差与被感知参数的关联性获得被测参数量值。另一种频域协议可以通过多个频率甄别被测参数。不论是时域，还是频域解析，都必须看重以下几个关键解析指标。

(1) 分辨率问题。时域协议应考虑时域分辨率，充分研究由测量参数的波动范围导致的相位波动阈值，在满足所需时域精度的情况下，确定分辨率。以400 MHz的SAW传感器为例，通常这种分辨率要求为0.1 μS或更小量值。频域分辨率应同样考虑由被测参数引起的频率波动阈值，设计相应的频率分辨率。

(2) 解析的算法时延问题。时域协议或频域解析都会耗费系统资源，从而产生时延效应。若分辨率过高，会对读写器的硬件资源提出很高的要求。因此，算法的时延不仅决定所测参数的解析速度，还决定整个SAW系统的成本。

(3) 发射源要求。为了降低算法的时延或采集硬件的成本，可以对阅读器的源进行改进，如采用多个频率同时发射的多变频方式或高速扫频方法，提高SAW阵列的响应速度。

3.6 改进的阵列式SAW架构设计

采用多种变频方式的测量需要对发射源有较高的要求，如采取chirp源，然后分别解析对应的SAW谐振频率的偏离情况。chirp发生器要求高，如果chirp存在干扰或不稳定，有可能导致部分组分的测量参数无法解析。考虑到该问题，以时域和频域结合的方式进行设计,即对于阵列中的每个SAW传感器,不仅IDT的排列不同,而且延迟线的长度和分布不同,这样在后续的解析过程中,自然就可以满足频域识别和时域识别的双重特性。这与传统的有源SAW传感器通常采用基于测量SAW基片和参考SAW基片的纯相位差的方式(图3-15)来进行信号识别的方式有所差异。实际上,即使是有源驱动的纯相位差测量方式,也存在利用频率偏移的情况,如在被测环境温度变化、气压变化等场合,所有SAW阵列包括参考SAW传感器的固有谐振频率均发生改变,此时采用一个固定频率的驱动源,可能因为偏离谐振频率,获得的Q值较小,导致信噪比下降、区分相位差的能力减弱。因此,通常情况下,适当变频寻找到谐振频率后,再进行触发和比较相位差,能够获得较高的精度。因此,从广泛的实际应用角度来看,变频概念的运用在无源或有源的读写装置中都是存在的。

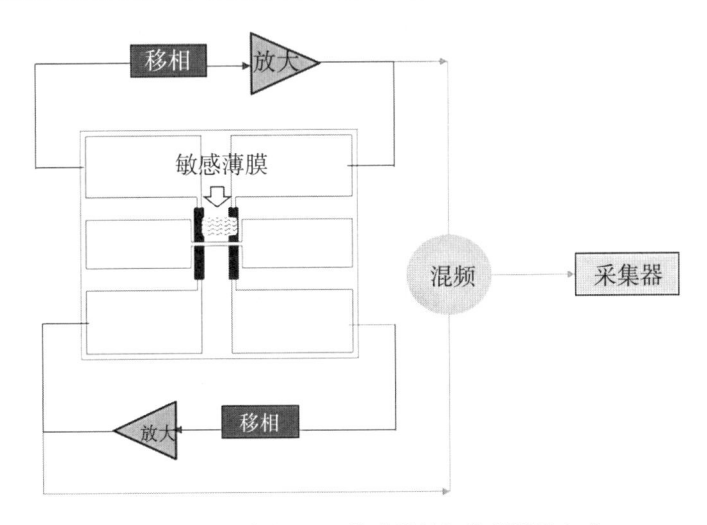

图3-15 基于参考SAW传感器的相位差测量方式

为了实现更高分辨率的气体组分测量与识别,可采取差异化气敏薄膜材料的放置。在时域上,不同位置的气敏薄膜材料对声速的影响不同,可用于地址识别或色谱测量。

需要说明的是,chirp源有一定优势,可以在读写器的存储容量满足的情况下快速采集宽带信号。chirp扫频源可以快速获得时域和频域双重特性,能提升读写效率。当然,chirp源具有快速触发的优势,可以达到每秒1 000点以上的扫频,但由于扫频起点和终点频率的时延可能不稳定,受温度漂移和硬件系统的晶振稳定性的影响很大,因此需要进行校准。

3.7 多组分气体测量的SAW阅读器硬件与算法设计

3.7.1 交叉地址设计与译码

多组分气体检测系统采用阵列式和交叉地址译码的设计,结合SAW传感器加工样本,实现了对多种气体组分的高选择性、高灵敏度检测。

图3-16为阵列多地址的典型方案。这种阵列至少采用一路作为参考,然后在后续阵列的不同位置涂覆感知薄膜,使得不同的测量参数在不同的位置进行感知,在时域上属于非交叉的特性。多阵列声表面波传感器系统通过灵活选取不同位置的气敏薄膜以便于设计和读写识别。但是这种模式的地址数量有限,多阵列SAW传感器的体积也较大。

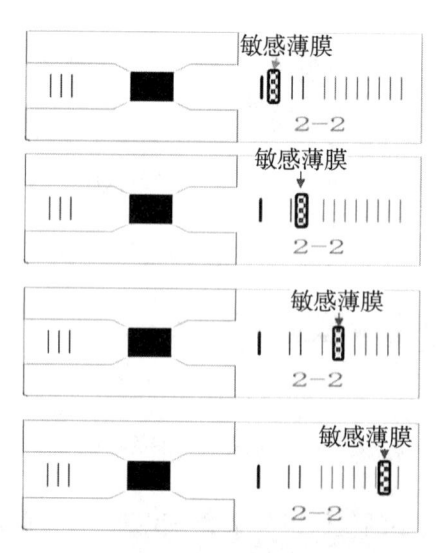

图3-16 阵列多地址的典型方案

图3-17是反射栅时间测量法原理示意图。这种多反射电极的基本算法原理属于时域法,对反射脉冲的多个时域脉冲的时间点进行标注区分即可。这种反射栅便于设计、制造,可以在反射栅的不同位置涂覆感知薄膜,产品成本低,但读写器的时域分辨率要求较高。

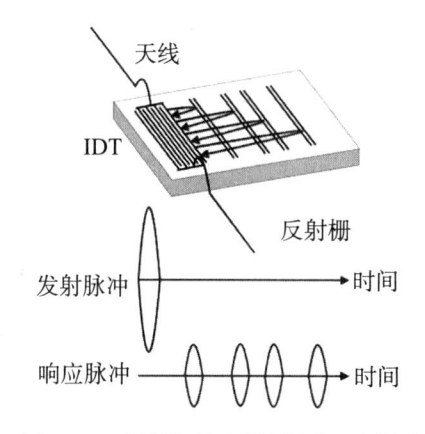

图 3-17　反射栅时间测量法原理示意图

在扫频曲线上寻找峰值点进行译码和传感参数的读取，但在硬件上可以采用频域的反射波，或采用频域的传输增益实现。传输增益模式需要充分考虑 SAW 电极的输入和输出响应，这种模式通常用于无线无源信号传输，损耗较大，通信距离较近，硬件成本也相对较高。在无线无源方案的实际应用中，频域法多采用反射波方案。如果是基于纯反射原理的测量，通常采用 S_{11} 测量法；如果是基于环形器的反射测量，通常采用 S_{21} 测量法。SAW 传感器扫描频率曲线如图 3-18（a）、图 3-18（b）所示。

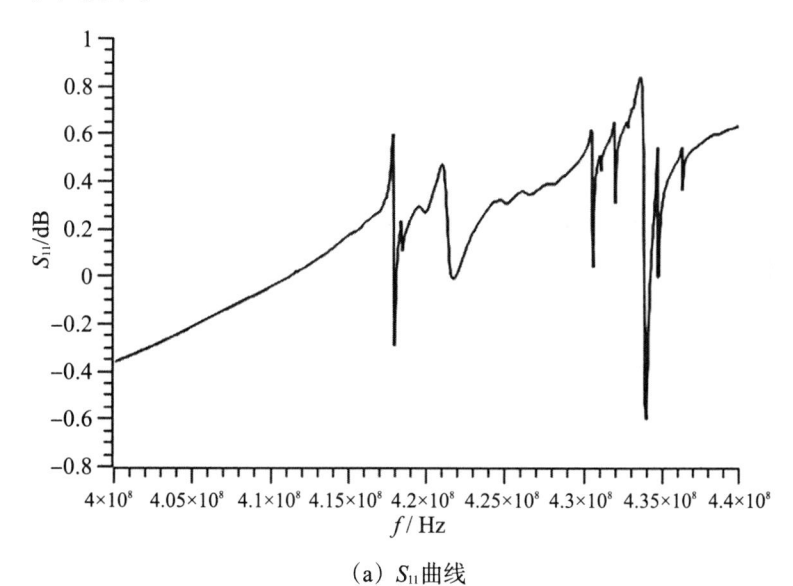

（a）S_{11} 曲线

(b) S_{21} 曲线

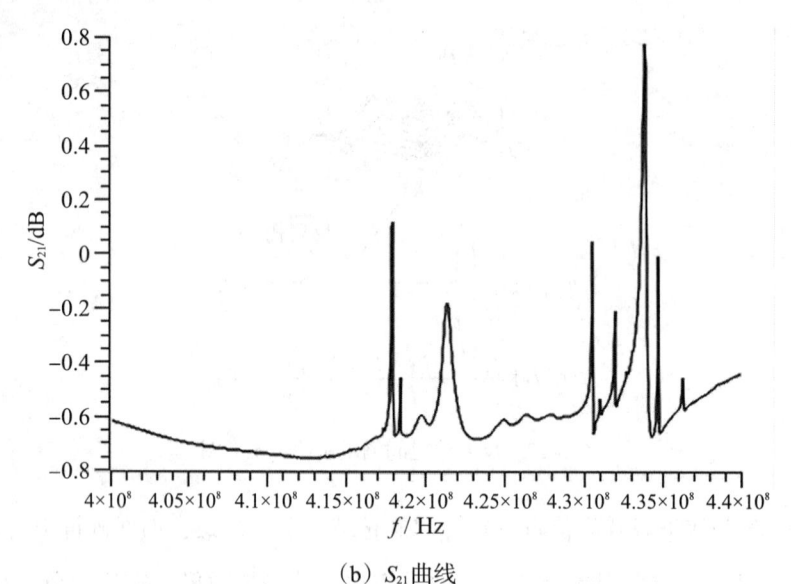

图 3-18　频域法工作原理图

如前文所述，时域法主要利用叉指反射电极的不同位置产生的时延进行，而频域法主要利用由叉指电极的不同排列导致的频率信号差异进行。

3.7.2　信号处理方式

根据不同的 SAW 阵列的排列方式和工作方式，采集读取硬件的原理不同，如有线有源方式可采取多通道混频方式（图 3-19），无线无源方式可以采取射频开关切换收发实现发射和接收信号的方式，其中，接收信号与发射信号混频、低通滤波后进入 ADC（模数转换器）采集系统。处理器根据实际需要，可选择 DSP（数字信号处理器）、FPGA（现场可编程门阵列）或普通 MCU（微控制器）。

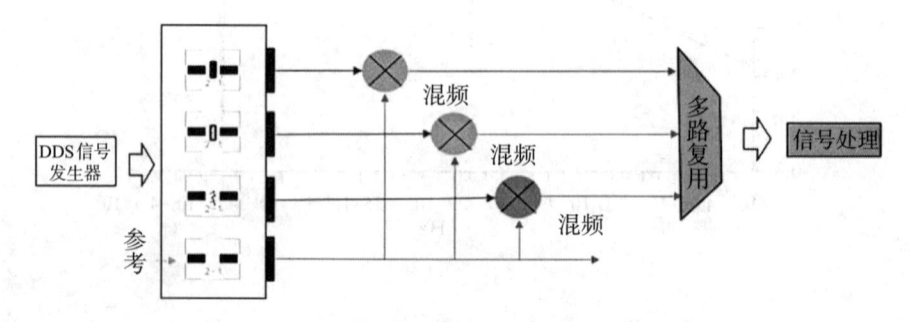

图 3-19　基于差频混频的阵列式控制读取方式

实际上，根据不同的SAW传感器谐振器、延迟线型的工作原理，在内部测算原理上，以时间测量和频率测量为不同目标，安排不同的读写、采集器架构。反射延迟线型和共振型声表面波传感器测算架构如图3-20所示，无线阅读采集终端基本原理架构如图3-21所示。

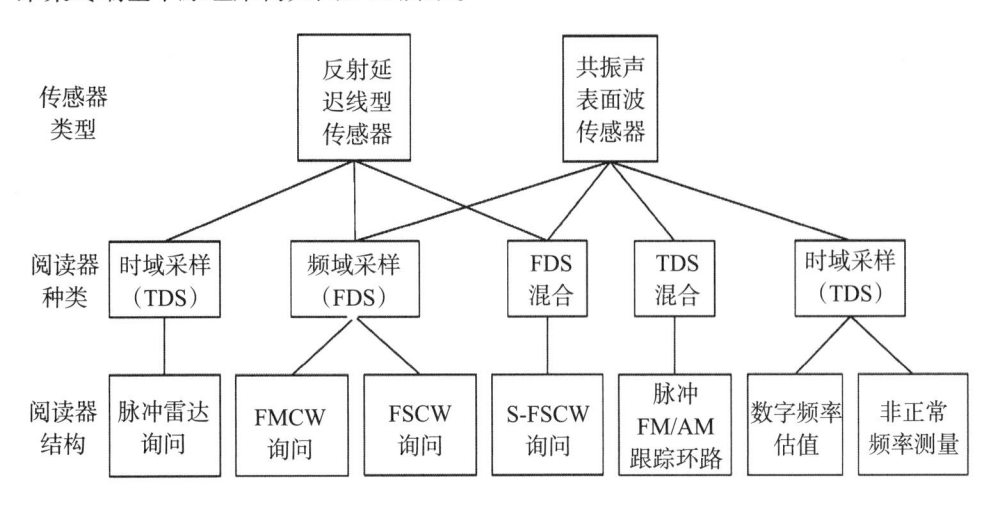

图3-20 反射延迟线型和共振型声表面波传感器测算架构

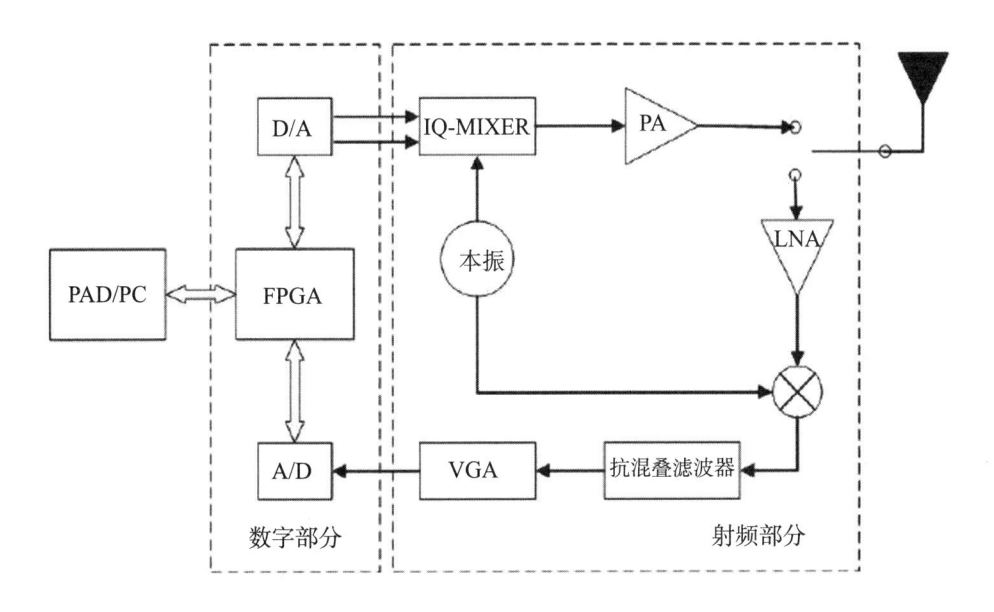

图3-21 无线阅读采集终端基本原理架构

尽管硬件架构不同，其通用的关键点在于射频源、采集的快速低噪声切换、混频的设计。无线读写方式通过射频开关实现高速切换，在射频源发射后，天线作为接收端，信号经滤波器进入采集通道。然后根据所设计SAW传感器的参数结构和地址结构，执行相应的参数读取和解码工作。

第四章 复合型单基片声表面波传感器设计

4.1 材料设计

在表面波传感器中,声波沿着压电基材传播时,温度变化会导致声速发生变化。通过测量反射回的声速,并将其转换为电信号进行解析,可以实现典型的多渠道应用。例如,利用信号频率变化来测量温度;用于开关柜温度测量的谐振型声表面波传感器也可用于气压测量、气体组分测量。

声表面波的传播速度决定了器件的频率,声波传播速度高,则器件频率也较高。压电材料的参数能够影响声波传播速度,为了获得稳定的传播速度并避免声波的色散,在理想情况下,压电材料应该具有较为均匀的特性。然而,若压电材料是多层结构的薄膜材料,则其传播速度也可能会发生变化。若多层薄膜材料出现一致性差异,则声波传输也会出现不一致的情况。因此,声波频率变化会导致声波传播速度改变,多层结构的压电材料可能会引入频率相关性,进而影响声表面波的传播速度。

因此,在设计声表面波传感器时,需要考虑材料的频率依赖性,以确保在不同温度条件下,声表面波传感器依然能够获得精确可靠的测量温度。选择合适的压电材料,并对其层次结构和频率特性进行评估,是确保其在各种条件下性能稳定的关键。这些因素的综合考虑有助于设计具备优越性能并适用于各种应用场景的声表面波传感器。

温度系数是表征温度变化时,材料特定物理量变化程度的参数。对于声表面波器件,它表示温度变化 1 K 时频率变化的值。压电材料的温度系数分为两种:相速度温度系数 $TC(v_p)$、群速度温度系数 $TC(v_g)$。通过这两种系数,可以计算延迟温度系数和中心频率的温度系数。

$$TC(f) = \frac{1}{f} \cdot \frac{\partial f}{\partial T} = TC(v_p) - \alpha \tag{4-1}$$

式中,α 为材料几何尺寸的热膨胀率;f 为声表面波器件的工作频率;v_p 为声波在介质中传播的波前速度。

目前，声表面波器件的压电衬底主要采用单晶、陶瓷和薄膜等材料。压电单晶的参数通常是固定的，但对于压电薄膜来说，不同的制备工艺和结构会导致不同的性能参数。通过调整多层薄膜的结构和制备工艺，可以获得具有不同性能参数的压电材料。通常情况下，当压电材料的方向不同时，其参数也会有所差异。因此，在设计声表面波器件时，需要考虑压电材料在不同方向上的性能。改变压电材料的切向方式，可以获得具有不同性能参数的声表面波器件。

在压电基材上，通过光刻制作叉指电极和反射栅，并施加交流电压信号到叉指电极上，就能在压电基材上产生声表面波。当声表面波经过反射栅时，会产生反射信号。反射信号与施加的信号之间的时间差与声表面波的传播速度、传输通道上的介质、环境温湿度和环境气压等参数有关。通过测量这些时间差，可以获取有关声表面波传播速度和环境参数变化的信息。

综上所述，通过调整压电薄膜的结构和工艺、考虑压电材料在不同方向上的性能，以及利用反射信号来获取声表面波传播速度和环境参数信息等方法，可以优化声表面波传感器的设计和性能，提高其应用的准确性和稳定性。

4.2 结构设计

声表面波传感器通过在声表面波传输路径上沉积敏感材料的方式，来感知被测物态参数，如气体或气压。当敏感材料感知到气体后，其介质密度发生改变，导致重量变化，进而增加了瑞利波传输的阻力，降低了传播速度。这导致了瑞利波转换为电信号后的反射时延发生变化。因此，通过测量瑞利波传播和反射之间的时间差，就可以分析被测气体的性质。这种类型的声表面波传感器通常被称为延迟线型声表面波传感器，可用于测量气体组分、湿度等多种参数，长期以来，其被认为具有多参数测量、多功能应用、多场景感知的潜力。

早期是通过并联多条具有不同延迟线长度的声表面波延迟线来测量多参数的。这些并联的声表面波延迟线具有不同的反射时延，形成多个反射序列，从而实现了多参数测量的目的。声表面波延迟线可在同一压电基片上实现，具有相同的共模温度系数,方便补偿,但不可避免地会存在干扰。可将每种测量参数独立放置在不同的压电基片上,以减小相互干扰,使测量和校准更加精确。

SAW–RFID技术被认为能够在高温或恶劣条件下实现RFID功能,并可用于温度测量和多参数检测。通过在RFID的ID序列上的不同位置沉积不同的敏感薄膜,可以实现多参数测量。由于瑞利波信号受到不同敏感薄膜的影响,具有不同的延迟时间差,且这些延迟时间差在时间上没有重叠,因此,该技术具有较好的时间分辨率,可用于多参数测量。传感器的功能布局包含4个核心组件:主叉指电极、左侧温度测试电极、右侧气体测量电极和RFID模块。

复合型单基片SAW传感器的栅格分布图如图4-1所示。复合型单基片SAW传感区域示意图如图4-2所示。该设计的独特之处在于:左侧的温度反射电极为3只,传统的传感器为单只反射栅,而3只反射栅可解决温度分布不均匀、测温接触点感知不匀称的问题,可用于精确测量温度。尤其是当感温电极与SAW基片接触不良、感温点温度受限、感温区域温度处于非稳定状态时,采用多条反射栅构成阵列的设计方案,更能体现被测区域的温度特性,使SAW传感器具有更好的预知能力。

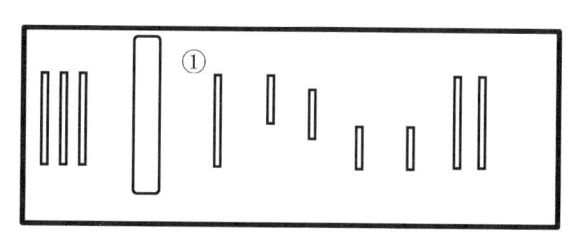

图4-1 复合型单基片SAW传感器的栅格分布图

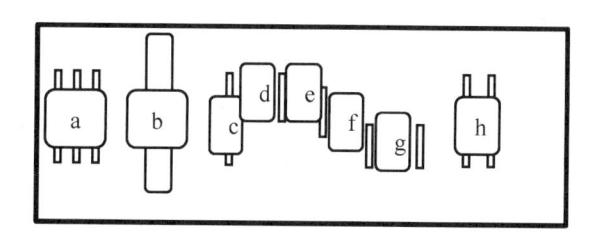

图4-2 复合型单基片SAW传感区域示意图

用于精密仪器或阻抗监测场合时，多端口的单基材结构只需布置感知天线，或在多端口布置入射信号和反射信号端口，即可实现精确测量。双端口单基材复合传感器栅格布局图如图4-3所示。带反射地址标签的单基材谐振型设计图如图4-4所示。

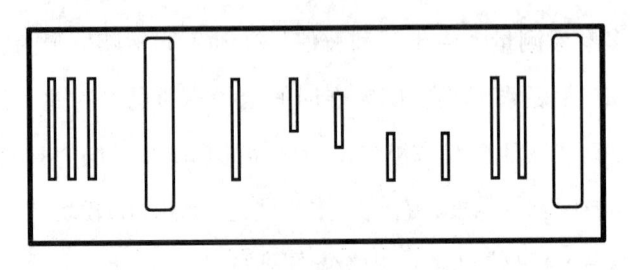

图4-3 双端口单基材复合传感器栅格布局图

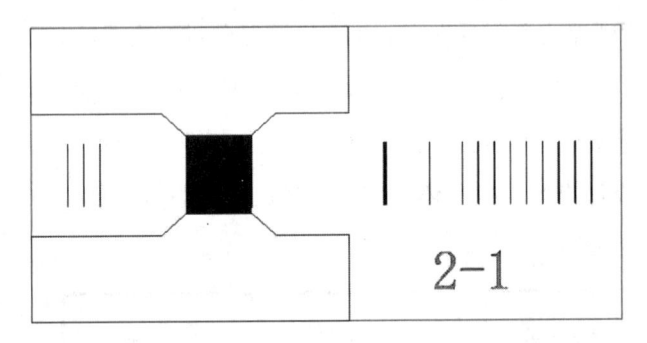

图4-4 带反射地址标签的单基材谐振型设计图

图4-5为中心频率为439.3 MHz的多参数声表面波双端口单基材复合传感器实物图及测试底板。图4-5中的多参数通过时间序列的脉冲信号时间点来解读，典型的时间序列解读方法包括单脉冲反射和连续脉冲反射的时域信号提取法、扫频法两种。时域信号提取法的原理简单，但要求发射的测试信号频率 f_t 必须与声表面波传感器的谐振频率 f_0 尽可能相同，两者的偏差 $\Delta f=|f_t-f_0|$ 越大，声表面波基材上产生的声表面波越弱，反射信号越小，从而给信号解析增加难度。

图4-5　多参数声表面波双端口单基材复合传感器实物图及测试底板

典型的单基片复合传感器扫频曲线图如图4-6所示。

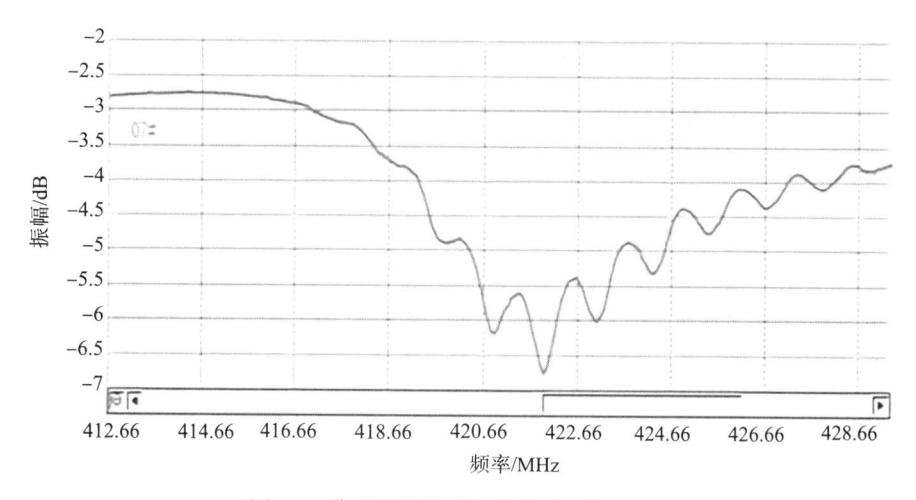

图4-6　典型的单基片复合传感器扫频曲线图

典型的多端口带延迟线和反射栅的SAW传感器设计图如图4-7所示。典型的SAW传感器中心频率特性如图4-8所示。

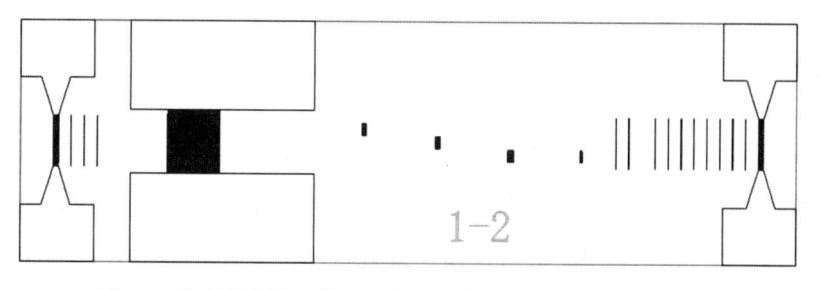

图4-7　典型的多端口带延迟线和反射栅的SAW传感器设计图

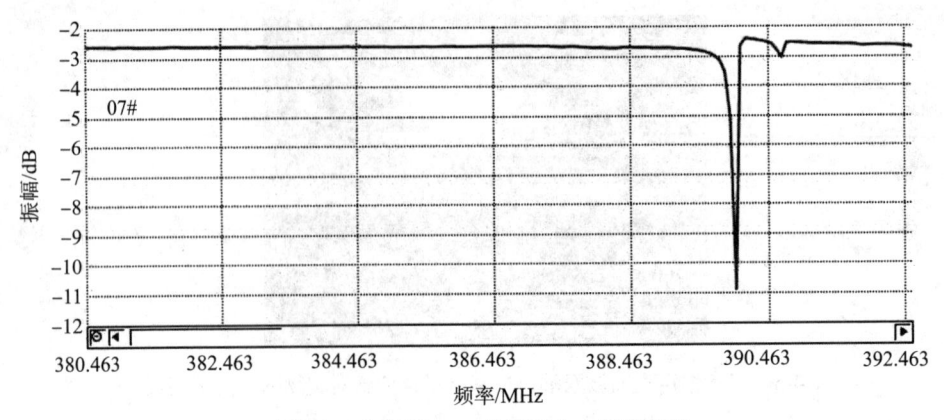

图4-8 典型的SAW传感器中心频率特性

为了提升无线传输的增益，也可以将谐振器和延迟线型结构相结合，多参数SAW传感器典型频谱图如图4-9所示，其覆盖了更换的频带，对阅读器提出了更高的要求。它的独特优势是可以降低多参数单基片传感器的公模型干扰，将温度测量独立出来。图4-9的信息还可为解读振动量提供关键数据。

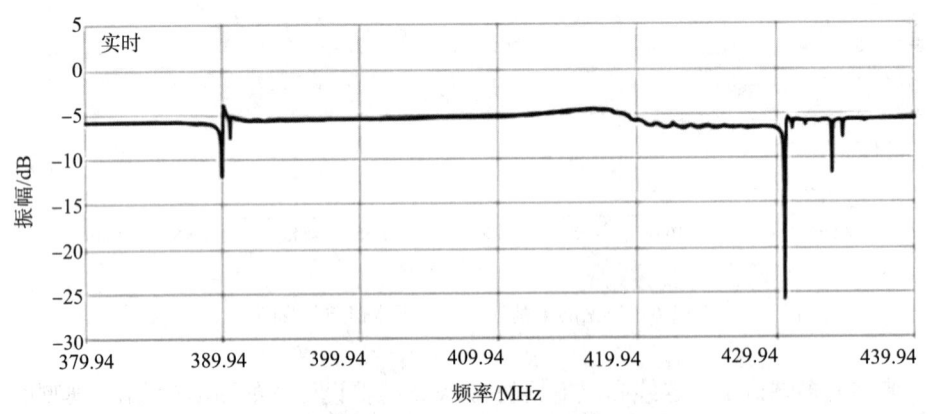

图4-9 多参数SAW传感器典型频谱图

4.3 算法设计

扫频法是通过给多参数声表面波传感器施加宽频信号，在以谐振频率 f_0 为中心的频带两侧实现较宽频率的扫频，因此可以获得较完整的频谱信息，通过宽频信号的反射系数进行频域-时域变换获得时间序列，达到解读被测参数的目的。

扫频法既可用于宽带 SAW 传感器，也可用于 SAW 的串并联网络。典型的多谐振 SAW 传感器的扫频特性曲线如图 4-10 所示。

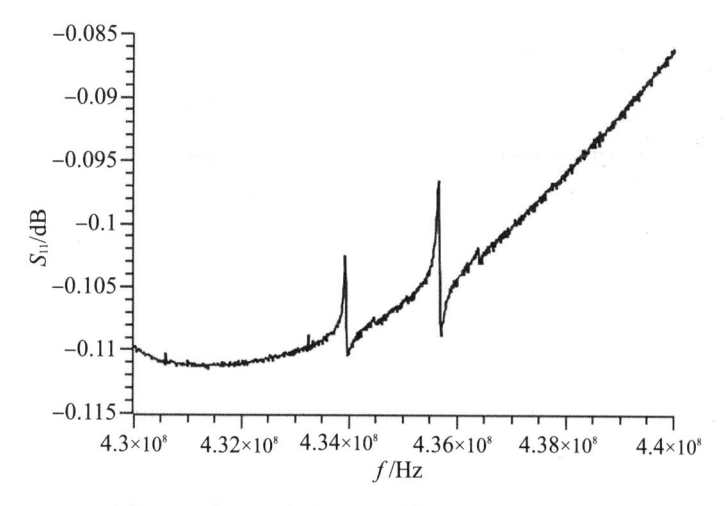

图 4-10　典型的多谐振 SAW 传感器的扫频特性曲线

图 4-11 为基于无线扫频采集的频谱图，采用扫频法、无线方式进行测量，以接收端 S_{21} 参数绘制频谱。扫频频率为 390～440 MHz，共计 50 MHz 带宽，可基于不含 RFID 的基材实现。图 4-12 为声表面波传感器时域图。

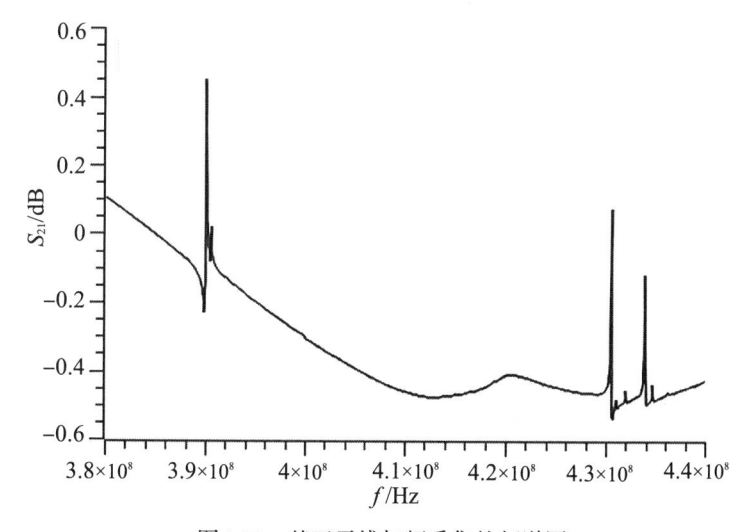

图 4-11　基于无线扫频采集的频谱图

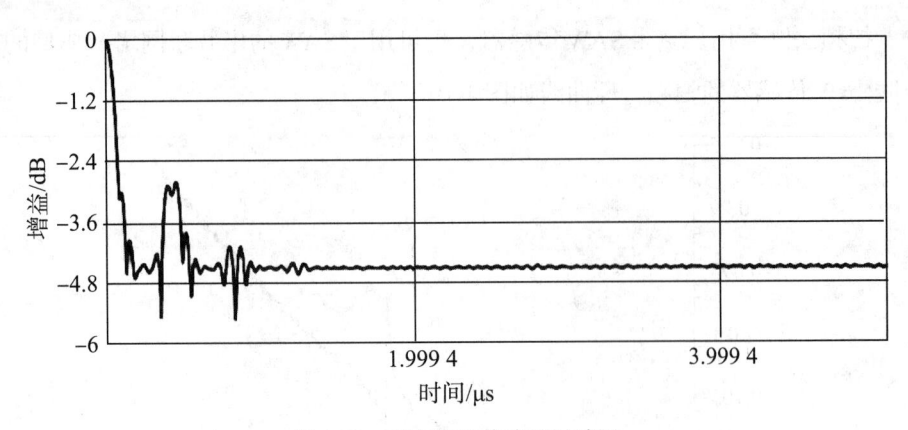

图 4-12 声表面波传感器时域图

在各测量区域,根据测试功能要求,可以在功能区域沉积或涂抹敏感材料,以达到感知被测参数后改变声表面波延迟线附着物质量,从而改变声表面波波速的目的。若不经过任何敏感材料处理,该基材可直接用于温度、压力测量。因此,结合电力设备的状态监测需求,声表面波多参数测量延迟线基材既可用于高压设备气体组分、温度、压力、磁场、表面介质阻抗、振动、超声波等参数的监测,也可用于高精度的检测仪器的开发。

第五章 复合型单基片声表面波传感器标定方法

5.1 神经网络算法

人工神经网络的概念源于对人体神经系统的抽象化和模型化。这个概念最早由美国心理学家W.S. Mcculloch与数理逻辑学家W.Pitts于1974年共同提出。在20世纪80年代，人们提出了更加完善的数学模型，然而，当时的人工神经网络还未解决多层系统中连接权重学习的问题。直到BP神经网络的出现，这一问题才得到解决。

BP神经网络（back propagation neural network）是一种多层前馈神经网络，通过反向传播算法来调整网络中的连接权重，实现对输入数据的学习和训练。BP神经网络的推出标志着人工神经网络技术迈向了新的阶段，其学习算法使神经网络能够根据实际输出与期望输出的误差来逐步优化网络结构，以提高性能和准确度。

通过BP神经网络的学习机制，神经元之间的连接权重得以动态调整，神经网络能够自适应地学习和逼近复杂的非线性函数关系。这种反向传播的学习方式为人工智能领域带来了新的突破和机遇，在模式识别、数据挖掘、机器学习等领域发挥着重要作用。因此，BP神经网络的出现对人工神经网络技术的发展起到了关键作用，推动了人工智能技术的进步和应用的拓展。

5.1.1 BP算法

BP神经网络是一种多层前馈型神经网络，其得名于在训练过程中通过反向传播学习算法调整网络的权值和阈值。BP学习算法是误差的反向传播学习算法，由Runelhart、Mcclelland等人于1986年提出。这种神经网络结构简单、参数可调的特点使得它在解决目标函数逼近、故障诊断、图像识别等问题上得到了广泛应用。

BP 神经网络的核心特性之一是其多层结构，包括输入层、隐藏层和输出层，信息沿着多层结构只向前传播，并通过反向传播算法来训练网络。在训练过程中，根据网络输出与实际目标值之间的误差，通过反向传播将误差逐层传播回网络，从而调整各层之间连接的权重和阈值，以使误差最小化，实现网络的学习与优化。BP 神经网络的优点在于其高度可调的参数，以及有效解决目标函数逼近、故障诊断、图像识别等问题的能力。它的普适性使其在许多实际应用中得到了充分的展示和应用。通过 BP 神经网络的训练和优化，可以提高模式识别和预测能力，为人工智能领域的发展提供有力支持。多输入多输出 BP 神经网络如图 5-1 所示。

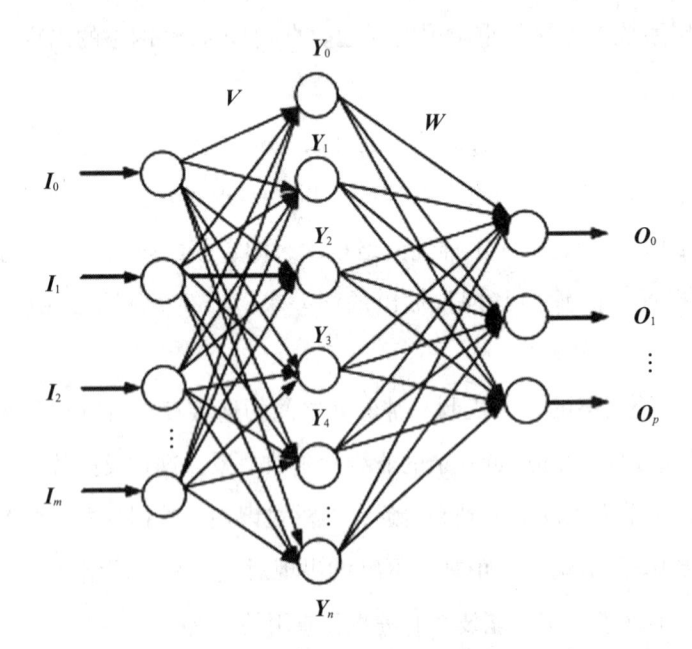

图 5-1　多输入多输出 BP 神经网络

图 5-1 中：$I=(I_0, I_1, \cdots, I_m)$，$I$ 为输入向量；$Y=(Y_0, Y_1, Y_2, \cdots, Y_n)$，$Y$ 为隐含层输出向量；$O=(O_0, O_1, \cdots, O_p)$，$O$ 为输出层输出向量；$EO=(EO_0, EO_1, \cdots, EO_p)$，$EO$ 为输出层输出向量；$V=(V_0, V_1, \cdots, V_m)$，$V$ 为输入层到隐含层的权值矩阵；$W=(W_0, W_1, \cdots, W_p)$，$W$ 为隐含层到输出层的权值矩阵。在 BP 神经网络的正向传播过程中，对输出层的描述如下：

$$O_j = f(net_j) \quad (j=1, 2, \cdots, p) \tag{5-1}$$

$$net_k = \sum_{i=0}^{n} W_{jk}Y_j \quad (k=1, 2, \cdots, p) \tag{5-2}$$

对隐含层描述为

$$Y_j = f(net_j) \quad (j=1, 2, \cdots, n) \tag{5-3}$$

$$net_j = \sum_{i=0}^{m} V_{jk}I_i \quad (k=1, 2, \cdots, n) \tag{5-4}$$

式（5-1）、式（5-3）中的 f 函数可设为单极性 Sigmoid 函数：

$$f(x) = \frac{1}{1+e^{-x}} \tag{5-5}$$

当 BP 神经网络的实际输出与期望输出不相等时，就存在误差，可表示为

$$E = \frac{1}{2}(EO-O)^2 = \frac{1}{2}\sum_{k=1}^{n}(EO_k-O_k)^2 \tag{5-6}$$

将式（5-6）展开到 BP 神经网络的每个输入层与隐含层，可以得到每一层的网络误差是各层权值 W、V 的函数，故通过不断地调整权值，就可以不断地减小神经网络误差。隐含层的误差为

$$E = \frac{1}{2}\sum_{k=1}^{p}\left[EO_k - f(\sum_{j=0}^{n} W_{jk}Y_j)\right]^2 \tag{5-7}$$

输入层的误差为

$$E = \frac{1}{2}\sum_{k=1}^{p}\left\{EO_k - f\left[\sum_{j=0}^{n} W_{jk}f(\sum_{i=0}^{m} V_{ij}X_i)\right]\right\}^2 \tag{5-8}$$

在 BP 神经网络中，当计算得到的误差小于期望误差时，表示所得到的权值和神经网络结构符合要求；否则，将进入误差反向传播过程。传统 BP 神经网络的权值调整原则是采用梯度下降法进行调整。

误差反向传播是指通过计算输出值与目标值之间的误差来更新网络权重和偏差，以使误差最小化。这个过程包括两个关键步骤：误差的计算和权重的调整。在误差反向传播过程中，首先计算输出层的误差，然后将误差逐层反向传播至隐藏层，根据误差的梯度来调整连接权值，以减小误差并提高网络的性能。

梯度下降法是一种常用的优化算法，用于更新神经网络中连接的权值。梯度下降法的基本原理是沿着误差梯度方向进行参数调整，以使误差最小化。通过计

算误差梯度并相应地调整权重，可以不断地优化神经网络，使其输出结果更加接近期望输出。

梯度下降法的数学描述为

$$\Delta W_{jk} = -\eta \frac{\partial E}{\partial V_{jk}} \tag{5-9}$$

$$\Delta V_{ik} = -\eta \frac{\partial E}{\partial V_{ik}} \tag{5-10}$$

具体到计算表达式，在符合对输出层都有 $j=0, 1, \cdots, n$、$k=0, 1, \cdots, p$，对隐含层都有 $i=0, 1, \cdots, m$、$k=0, 1, \cdots, p$ 的情况下，结合式（5-1）至式（5-6），可得

$$\Delta W_{jk} = \eta(EO_k - O_k)(1 - O_k)O_j \tag{5-11}$$

$$\Delta V_{ij} = \eta \left[\sum_{k=1}^{p}(EO_k - O_k)(1 - O_k)W_{jk} \right](1 - O_j) \tag{5-12}$$

由式（5-11）和式（5-12）得到新的权值与阈值的变化量，对下一次迭代计算的更新表达式为

$$W_{jk}(n+1) = W_{jk}(n) + \Delta W_{jk} \tag{5-13}$$

$$V_{ij}(n+1) = V_{ij}(n) + \Delta V_{ij} \tag{5-14}$$

以上的BP神经网络的两种过程的推导基于简单的三层结构网络，但对更高阶的BP神经网络及其原理来说同样适用。将BP神经网络的具体实现流程表述为：（1）对训练样本进行预处理及归一化处理；（2）根据训练样本与解目标确定BP神经网络的结构，即层数、神经元数，并由解决的问题类型确认激活函数；（3）确定神经网络的参数，如训练目标的误差精度，允许最大的迭代次数等参数，并初始化网络训练的迭代次数为1；（4）初始化神经网络的初始权值、阈值，通常用随机法将初始权值、阈值初始化在[-0.5, 0.5]的范围内；（5）开始训练神经网络，将网络的输出与预期值进行比较，达到精度就训练下一组样本，回到上一步，否则进入误差的反向传播；（6）通过误差的反向传播对权值、阈值进行更新，并计量误差反向传播的训练次数，当训练次数或误差精度高于设定时，就判断全部的训练样本是否训练完毕，成立则结束算法，未完成则开始下一组样本的训练。

神经网络训练流程图如图5-2所示。

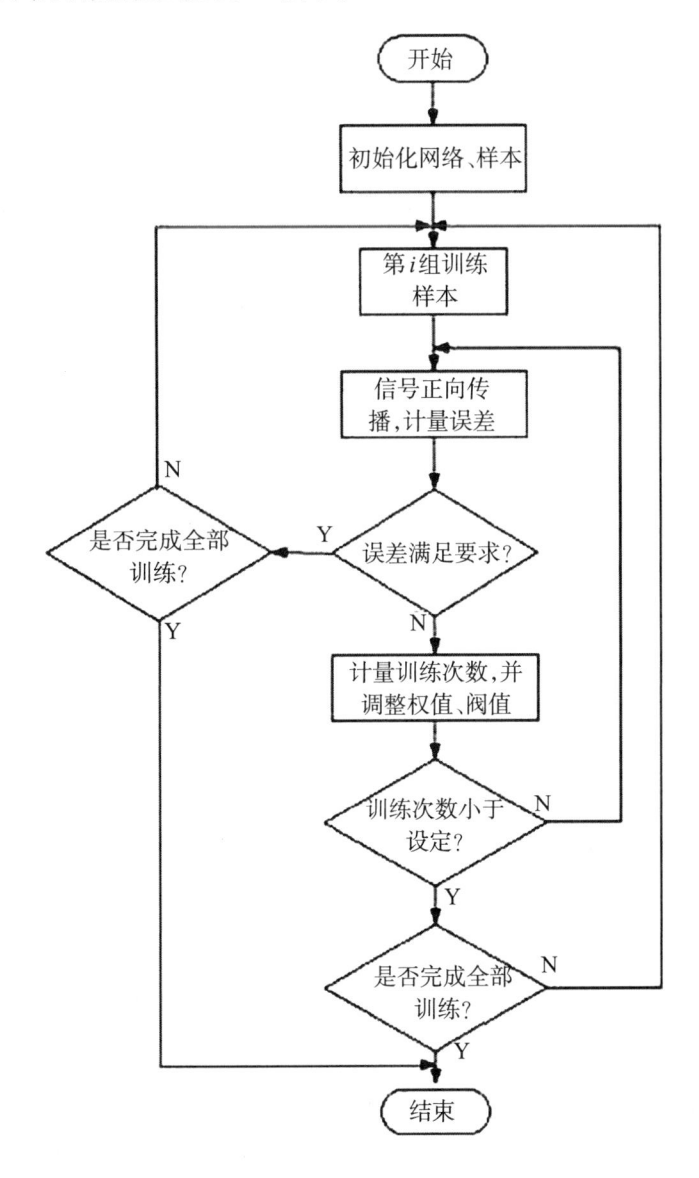

图5-2 神经网络训练流程图

5.1.1.1 BP算法的缺陷

BP神经网络算法在实际应用中确实存在一些明显的缺陷，包括易陷于局部极值、收敛速度慢，以及隐含层及神经元数不易确定。这些缺陷限制了BP神经网络在某些情况下的性能和应用范围。

首先，BP神经网络容易陷入局部极值。梯度下降算法容易受到局部梯度的影响而无法脱离局部最优解，从而导致网络训练过程提前结束或收敛于局部最优解，而无法达到全局最优解。

其次，BP神经网络的收敛速度通常较慢。网络参数的调整需要通过多次迭代来实现，特别是在网络规模较大或训练数据复杂度较高的情况下，需要更多的训练时间和计算资源才能达到理想的收敛效果。

最后，确定隐含层和神经元的数量也是BP神经网络设计中的一个挑战。选择适当的隐含层及神经元数对网络的性能和泛化能力来说至关重要，不恰当的选择可能导致过拟合或欠拟合等问题，增加网络的复杂性和训练难度。

为了克服BP神经网络算法的这些缺陷，笔者提出了许多改进方法，如使用改进的优化算法、加入正则化项、采用自适应学习速率等。

网络的收敛速度取决于学习率的确定与激活函数的导数的大小。学习率不宜选择得过小，否则会导致迭代次数增多；学习率若选择得过大，BP神经网络的训练过程会发生振荡，以至迭代的不收敛发生。由式（5-9）和式（5-10）可知，激活函数的导数同样会对BP神经网络的收敛速度有影响，体现为阈值与权值的更新速度会随着激活函数的导数而变化，过小的激活函数的导数会使得阈值与权值的更新速度变慢，以及BP神经网络的收敛速度减慢。

在BP神经网络中，输入和输出神经元的数量通常由解决的具体问题所决定，但对隐含层和神经元数量的确定来说却没有一个固定的方法。一般来说，一个三层的BP神经网络在模式识别问题中表现良好，但对于更复杂的非线性函数逼近问题，确定隐含层的具体数量仍然是一个挑战，学术界对此尚未达成一致的看法。

隐含层的层数以及神经元的数量在神经网络设计中至关重要。太少的神经元会导致网络效果不佳，而太多的神经元则可能导致训练过程不收敛等问题。尽管缺乏统一标准和确定的理论方法，但许多研究表明，一个拥有足够多神经元的一层隐含层通常可以拟合任意复杂的非线性函数。

在设计BP神经网络结构时，优化的关键是确定隐含层的层数和神经元的数量。根据学者的研究，在一层隐含层中尝试不同数量的神经元，若效果仍不理想，则可以考虑增加更多层的隐含层。而根据文献和设计经验来看，两层隐含层中的第二层通过较少的神经元就可以实现神经网络性能的优化。学者提出了估算神经元数量的方法，包括尝试法、增长法和修剪法，这些方法可以在经验估算的基础上决定增加或减少神经元的数量。

5.1.1.2 BP算法的修正

学习率对BP神经网络的收敛速度具有重要影响。学习率过大可能导致神经网络计算过程的振荡，难以达到稳定的迭代效果；而学习率过小则会导致网络的收敛速度变慢。为了平衡这一问题，一般将学习率设置在一个合适的范围内，常见的范围是0.01~0.8。选取合适的学习率也是非常重要的，固定一个合适的学习率虽然是最简单的方法，但不能很好地适应不同位置的误差变化，因此，动态地调整学习率可以更好地满足网络的需求。

在动态学习率优化方面，已经提出了一些方法，如学习率渐小法、搜索然后收敛法和自适应学习速率法：学习率渐小法在学习过程中，根据前期收敛速度和后期稳定收敛的特点来设置学习率，但效果有时达不到预期，因此需要与其他方法结合以提高效果；搜索然后收敛法在学习率渐小法的基础上，更进一步对学习率的取值作调整，但该方法需要较好的初始化学习率，有一定的难度；自适应学习速率法通过严格的误差判据来调整学习率，以加速神经网络的收敛速度，但也增加了算法的复杂性和计算量。

训练样本的数量对BP神经网络的影响主要体现在网络的泛化能力上。在理论上，希望训练样本数量足够多，以实现对任意函数的映射并达到理想精度。然而，在实际情况下，训练样本数量往往是有限的，难以覆盖给定函数或系统的所有情况。在面对复杂系统时，样本数量的选择是至关重要的。样本数量太少会影响训练结果的准确性，样本过多则会增加训练时间。研究资料表明，训练样本数量P与神经网络权值、阈值总数n_s之比的选择很重要，需要在两者之间达到一种平衡，以保证网络训练的有效性和泛化能力。训练误差之间存在的关系见式（5-15）。

$$P = \frac{n_s}{\varepsilon} \tag{5-15}$$

由式（5-15）所确定的训练样本数量一般难以满足。在实际中，若所需的样本数量足够满足要求，则按式（5-15）进行网络训练；若不满足要求，常常降低建立的网络权值、阈值数目，以实现满足要求的网络训练结果。

训练样本因实际问题赋予不同的意义，其数量级的差距可能很大，若直接使用，会造成每一元素在神经网络的比重严重不平衡，故需要对输入数据进行归一化处理，使所有数据归一化值在某一范围内，使各元素的地位相同。同样，激活函数 Sigmoid 采用归一化的数值，也有利于防止因净输入过大导致输出过饱和。归一化方法应保证所有的数值在最大值和最小值之间，常见的归一化方法有两种：(1) 将输入数据归一化到[0，1]的范围内；(2) 将输入数据归一化到[-1，1]的范围内。具体的公式如下：

$$X^* = \frac{X - X_{\min}}{X_{\max} - X_{\min}} \tag{5-16}$$

$$X_2 = 0.5(X_{\max} - X_{\min}) \tag{5-17}$$

$$X^* = \frac{X - X_2}{0.5(X_{\max} - X_{\min})} \tag{5-18}$$

式中，X 为输入值；$X_{\max}$ 和 $X_{\min}$ 为输入值的最大值、最小值；X^* 为归一化后的值。

以上的公式都是基础的归一化公式，研究中发现，在归一化处理的值接近 0 或 1 时的变化速度非常慢，对此，可以将归一化的数值区间变换为 0.2 ~ 0.8，变换后的公式为

$$X^* = 0.2 + \frac{0.6(X - X_{\min})}{X_{\max} - X_{\min}} \tag{5-19}$$

若考虑计算机编程的需要，将归一化的数值区间变换在 a 与 b 之间（一般取值为 $a=0.1$，$b=0.9$），此时的公式为

$$X^* = a + \frac{(b-a)(X - X_{\min})}{X_{\max} - X_{\min}} \tag{5-20}$$

如前文所述，激活函数的导数对 BP 神经网络的收敛速度的影响很大，根据不同的样本特点，应该选择不同的激活函数。国内外的学者经多年的研究总结出激活函数应满足的以下几点要求：(1) 激活函数应可导可微，简单易运算；(2) 激活函数的偏导数简单；(3) 依据所解决问题的经验，找到与问题相匹配的激活函数，达到易于训练的目的。除前面讲解的单极性 Sigmoid 函数，常见的几种激活函数如下：

$$f(x) = \sin x \tag{5-21}$$

$$f(x) = \arctan x \tag{5-22}$$

$$f(x) = a_0 + a_1 x + a_2 x^2 + \cdots + a_n x^n \tag{5-23}$$

$$f(x) = -1/2 + 1/(1 + e^{-x}) \tag{5-24}$$

$$f(x) = \begin{cases} 0, & x < 0 \\ x, & x > 0 \end{cases} \quad f'(x) = \begin{cases} 0, & x < 0 \\ 1, & x > 0 \end{cases} \tag{5-25}$$

激活函数的选择应根据训练样本的特点进行。若所建立的BP网络是用于故障诊断、特征分类等，选择Sigmoid函数就能很好地满足要求。

在提到BP神经网络作为函数逼近的情况下，指出了使用Sigmoid激活函数可能带来效果不佳的问题。Sigmoid函数存在输出不为0均值以及幂运算的问题。输出不为0均值会导致误差反向传播中的权值变化方向不确定，从而影响算法的收敛速度；而幂运算在计算机中处理相对复杂且耗时，在大规模神经网络中的影响尤为明显。此外，Sigmoid函数在多层神经网络中还面临梯度消失和梯度爆炸的问题，尤其在隐含层数增多的情况下更容易出现问题。为了克服这些问题，选择以ReLU函数作为激活函数，可以提高收敛速度、计算速度，并避免幂运算和梯度消失的情况。Sigmoid函数的曲线特征如图5-3所示，ReLU函数的曲线特征如图5-4所示，Sigmoid函数与ReLU函数的导数曲线如图5-5所示。

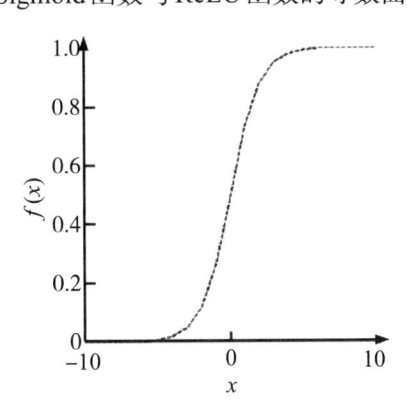

图5-3　Sigmoid函数的曲线特征

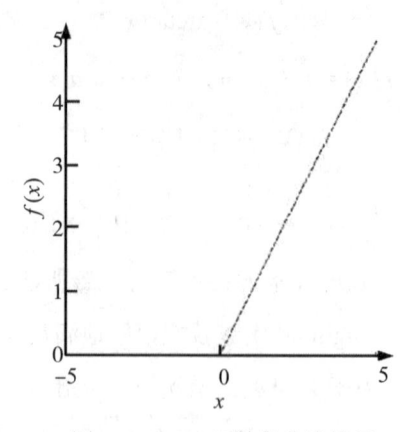

图 5-4　ReLU 函数的曲线特征

（a）Sigmoid 函数的导数曲线　　（b）ReLU 函数的导数曲线

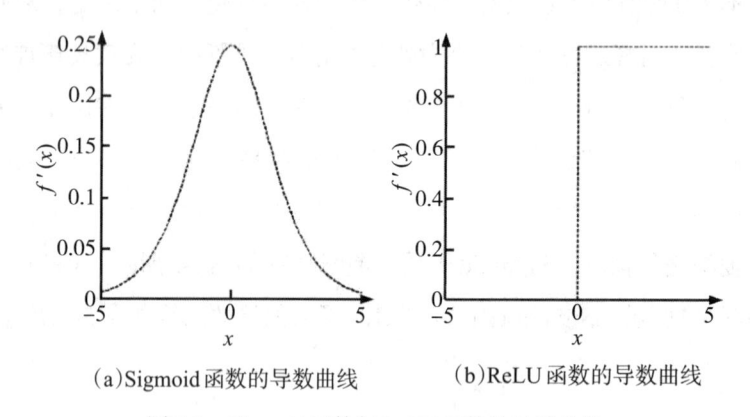

图 5-5　Sigmoid 函数与 ReLU 函数的导数曲线

另外，初始的权值阈值对 BP 神经网络的收敛有着决定性的影响。初始的权值和阈值的选择决定了 BP 算法从何处开始训练网络。若初始位置较接近收敛点，则有助于快速收敛；若初始位置接近局部最小值，则有可能在学习率设置不妥当的情况下陷入局部最优的错误，导致训练网络难以达到理想效果。因此，合理的初始化方法能够缩短训练时间，并对网络是否能收敛到全局最小值起到关键作用。随机法是一种常用的初始权值和阈值的方法，对简单结构的 BP 神经网络的影响较小，但对复杂的网络结构的影响较大。

综上所述，选择合适的激活函数（如 ReLU）、初始权值和阈值的方法对 BP 神经网络的训练和收敛至关重要，这些因素会直接影响网络的性能和最终的收敛效果。通过合理选择激活函数和优化初始化方法，可以有效地提高 BP 神经网络的训练效率和收敛速度。

5.1.2 鱼群算法

从 20 世纪 90 年代开始，群智能（swarm intelligence，SI）算法受到广泛关注，各种基于这一思想的算法应运而生，其中包括著名的粒子群算法、蚁群算法和人工鱼群算法（artificial fish swarm algorithm，AFSA）等。这些算法受到动物行为的观察启发，对动物社会性行为进行模拟，提供了一系列解决实际问题的新方法。

例如，蚁群算法源于对蚂蚁觅食行为的模拟，蚂蚁在寻找食物时展现出集体智能行为，在路径上留下信息物质，导致其他蚂蚁沿物质浓度最高的方向找到食物。蚁群算法在解决商旅问题、调度问题和搜客运营等实际问题中具有潜在应用。而粒子群算法则模拟了鸟类捕食行为，将鸟类寻找食物的方式抽象成搜索周围领域的模型。每个鸟被视为一个粒子，形成粒子群。这些算法在一些领域展现出了优异的性能，实现了优化的目标。

与传统的 PSO（粒子群优化算法）和 GA（遗传算法）相比，2003 年，我国学者李晓磊提出的人工鱼群算法具有很强的鲁棒性、良好的全局收敛性和较低的参数要求等特点。人工鱼群算法将真实鱼群的结构和行为模式抽象化，将鱼的感知、行为、行为评价，以及自身与周围环境状态进行参数化处理。鱼群通过视觉、触觉、压力、温度等物理量感知周围环境，而人工鱼的视觉行为则将这些感知简化为可处理的参数，有助于对算法进行简化抽象。人工鱼群视觉图如图 5-6 所示。

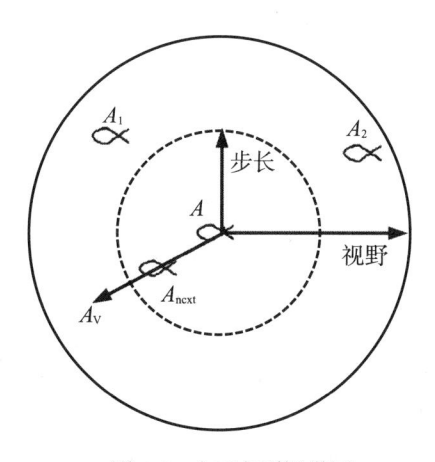

图 5-6 人工鱼群视觉图

在图5-6中，鱼群中某条鱼的位置状态为A，其视野状态为一定的范围，设其某一时刻的位置状态为A_V，若此时的位置状态A_V优于当前位置状态A，则向该方向更新位置状态为A_{next}，否则选择其他的位置状态更新。

$$A_V = A + Visual * Rand( ) \quad (5\text{-}26)$$

$$A_{next} = A + \frac{A_V - A^*}{A_V - A} Step * Rand( ) \quad (5\text{-}27)$$

式中，A_V为视野范围内某一位置状态；$Visual$为视野范围；A_{next}为位置更新后的状态；$Step$为步长；$Rand( )$为随机数。

人工鱼群模拟鱼类的四种行为进行活动，包括觅食行为、聚集行为、追尾行为和随机行为。

（1）觅食行为：觅食是鱼类最基本的行为之一，表示鱼群中的鱼寻找食物的过程。在人工鱼群算法中，觅食行为描述了鱼群中的个体如何寻找并获取食物，以确保生存和增长。

（2）聚集行为：聚集行为表示鱼类往往会聚集在一起形成群体，这是为了保护共同利益。在人工鱼群算法中，聚集行为模拟了鱼群中个体相互聚集的过程，以实现更好的集体效应和协作行为。

（3）追尾行为：追尾行为表示鱼类中的个体可能会追随或跟随其他个体的行动。在人工鱼群算法中，追尾行为描述了鱼群中个体之间的追逐和跟随关系，以实现更好的集体效应和协同行为。

（4）随机行为：随机行为通常表示鱼类或鱼群中的个体在特定情况下作出的随机决策或行为。在人工鱼群算法中，随机行为可能被用来增加探索性，帮助鱼群更好地探索解空间并避免局部最优解。

其中，鱼群的觅食行为是鱼群最基本的行为，鱼群趋向食物浓度最大处，此时的位置状态即为食物浓度，其行为可以描述为：在视野感知范围内，任意选择一个状态见式（5-26），判断新状态下的食物浓度是否优于之前状态，若是，则向该状态前进至见式（5-27）的位置，否则重新选择一个见式（5-26）的状态，反复判断，直至达到设定次数，仍不满足则进入随机行为。聚集行为是保证鱼群安全与生存的行为，在人工鱼群算法中规定为向邻近人工鱼靠近和避免过分拥挤，其行为可以描述为：人工鱼感知自身周围的鱼群数f_n及中心位置A_c，若食物浓度够高且鱼群数量不是很多，则向该方向移动，否则进入觅食行为。上述可表达为

$$A_{\text{next}} = A_i + \frac{A_c - A_i}{A_c - A_i} * Step * Rand() \tag{5-28}$$

追尾行为可表述为向食物浓度最高的人工鱼的追逐行为，即向视野范围内食物浓度最高处人工鱼靠近的过程，其行为可以描述为：人工鱼感知自身周围的鱼群数f_n及食物浓度最高处鱼的状态A_b，若食物浓度够高，且鱼群的聚集程度较低，则人工鱼向该方向移动，否则进入觅食行为。追尾行为可以表示为

$$A_{\text{next}} = A_i + \frac{A_b - A_i}{A_b - A_i} * Step * Rand() \tag{5-29}$$

随机行为是随机选择一个状态进行寻优的过程，觅食行为自身就是不断地在视野范围随机游动并判断自己的状态。以上的四种行为在各不相同的条件下转换，人工鱼对行为进行评价，得到最合理的选择并选择最合适的行为进行执行。行为评价又可分为选择最优行为执行（选当前状态的最优行为执行）和较优方向前进，在两种策略中任选一种行为，只要能向最优方向前进即可。

人工鱼群的四种行为都涉及一些相同的参数，这些参数对算法的收敛有很大影响。

（1）视野：视野代表人工鱼群在移动时的搜索范围。在初始寻优阶段，较大的视野有利于快速寻优，加快收敛速度；而在最后阶段，较小的视野有助于快速收敛到合适的精度。固定视野大小可能无法完美平衡速度与精度的取舍，因此，变动视野是一个重要优化方向。

（2）步长：步长表示人工鱼群在移动时的移动步进，或称为"移动进阶梯度"。固定步长在初始阶段有利于快速收敛，但可能导致最后阶段的振荡。随机步长可避免振荡，但收敛速度较慢。探索变步长算法或自适应调整步长的方式有助于提高算法的收敛性能。

（3）拥挤度因子：拥挤度因子表示人工鱼群在某领域的数量。较大的拥挤度因子有助于避免陷入局部极值，但可能影响全局极值时的收敛精度；较小的拥挤度因子则会影响鱼群聚集速度。因此，需要深入分析拥挤度因子对算法性能的影响，并进行合理调整。

（4）鱼群数量：鱼群数量对算法的迭代收敛速度产生显著影响。增加鱼群数量有利于快速找到全局极值，但也增加了计算复杂性。在保证收敛性的前提下，尽可能减少鱼群数量有助于提高算法效率。

目前的人工鱼群算法优化中最基本的改进思路包括：（1）添加公告板，记录寻优过程中每次迭代的鱼的最优位置；（2）从不同思路对视野步长进行选择；（3）将拥挤度因子设置为固定值1，起到简化的目的。同时，结合随人工鱼迭代变化的步长和视野等智能自适应设置，可提高算法的性能和效率。综合考虑这些参数的影响，寻找合适的平衡点可以有效优化人工鱼群算法的收敛性能。

在基于平均视觉的自适应人工鱼群算法之上，为了克服其后期易于在局部极值聚集导致收敛精度受鱼群聚集程度影响的问题，对于人工鱼群的视野选择，在不同行为中作如下的修改。

（1）在觅食行为中，视野 $Visual_1$ 的大小按照与自身最近的人工鱼的距离确定，在觅食行为中，按 $Visual_1$ 确定新状态，并判断新状态是否优于现状态，若是，则按新状态随机移动步长；否则继续尝试新状态，直至进入随机状态。

（2）对于人工鱼的聚集、追尾和随机行为，$Visual_2$ 的大小按照人工鱼距其他鱼的欧式距离的平均值确定。视野改进见式（5-30）至式（5-32）。

$$D_{ij} = A_i - A_j \tag{5-30}$$

$$Visual_1 = \min(\|D_{ij}\|) \tag{5-31}$$

$$Visual_2 = \text{mean}\left(\sum_{i=1}^{N}\|D_{ij}\|\right) \tag{5-32}$$

式中，D_{ij} 的模值为人工鱼 i 与人工鱼 j 间的距离；$Visual_1$ 为人工鱼 i 与最近的人工鱼 j 间的距离；$Visual_2$ 为人工鱼 i 距其他鱼的欧式距离的平均值。

人工鱼的视野确定后，其步长的变化同样影响人工鱼群的算法的收敛精度。为不影响人工鱼群的收敛速度，将人工鱼群的步长分别按照 $Visual_1$、$Visual_2$ 与视步系数 a 的乘积求取，a 的取值为 0~1，保证人工鱼的步长随不同视野不断地变化，从而保证收敛性。步长改进见式（5-33）和式（5-34）。

$$Step_1 = a * Visual_1 \tag{5-33}$$

$$Step_2 = a * Visual_2 \tag{5-34}$$

式中，$Step_1$ 为觅食行为的步长；$Step_2$ 为聚集行为、追尾行为和随机行为的步长。

在人工鱼群算法的后期阶段，可以考虑优化算法的收敛精度和计算效率。一种可能的优化思路是限制人工鱼群仅执行觅食行为，而不再执行聚集行为和追尾行为。通过这种方式，人工鱼群将仅在全局极值点的周围区域内搜索，从而避免不必要的计算开销，提高算法的效率和性能。

另一种优化思路是设置一个阈值，当人工鱼的平均距离视野内的人工鱼数量超过一定比例时，可判定算法已接近或处于后期阶段。在这种情况下，可以自动切换为人工鱼群仅执行觅食行为的模式，避免执行聚集行为和追尾行为，从而实现针对后期阶段的择优行为。

这些针对性的行为调整策略有望提升人工鱼群算法在后期阶段的性能。在实践中，需要结合具体问题场景进行实验验证，以确保算法的有效性和稳定性，这为优化算法后期的行为调整提供了新的视角。

将人工鱼视野 $Visual_2$ 内的人工鱼数量记为 E，人工鱼总数记为 $fish_{num}$，比例系数记为 $s(s=0 \sim 1)$，则当 $E < s * fish_{num}$ 时，人工鱼群算法直接执行觅食行为，否则开始执行聚集行为及追尾行为。综合以上两种人工鱼群算法改进措施，将改进的人工鱼群算法的四种行为的更新表示如下：

$$A_{V1} = A_i + Visual_1 * Rand() \tag{5-35}$$

$$A_{next1} = A_i + \frac{A_{V1} - A_i}{A_{V1} - A_i} * Step_1 \tag{5-36}$$

$$A_{next2} = A_i + \frac{A_{con} - A_i}{A_{con} - A_i} * Step_2 \tag{5-37}$$

式中，A_{V1} 为觅食行为的位置视野状态；A_{next1} 为觅食行为的位置状态更新；A_{next2} 为聚集行为、追尾行为和随机行为的位置状态更新；A_{con} 为人工鱼群在聚集行为或追尾行为中参考的聚集中心位置。

前文可以表示为如下伪代码。

```
Float   AFSA::prey()  %%觅食行为
   for i=1:trynumber
      Aj=Ai+Visual1*Rand()
```

```
            if(Bi<Bj)    Anext/i=Ai+(Aj-Ai)/||Aj-Ai||*Step1;
            else         Anext/i=Ai+Rand()*Step1;
            end
        end
end
Float AFSA::swarm() %%聚集行为
    for i=1:trynumber
        if(Bi<Bc)    Anext/i=Ai+(Ac-Ai)/||Ac-Ai||*Step2;
        else         prey();
        end
    end
end
Float  AFSA::follow() %%追尾行为
    for i=1:trynumber
        if(Bi<Bc)    Anext/i=Ai+(Ab-Ai)/||Ab-Ai||*Step2;
        else         prey();
        end
    end
end
Float  AFSA::main() %%主函数行为选择
while (gen<=Max_gen)
    for  i=1:fishnum
        if(E<s*fishnum)         prey()
        else                    follow()
                                swarm()
                                ……
        end
    end
  end
end
```

5.2 气体标定

气体标定是指利用标准的计量仪器或具有高精度数据的标样气体对所使用的仪器、系统或传感器的准确度（精度）进行检测，以确定仪器或测量系统的输入-输出关系，赋予仪器或测量系统分度值，确定静态特性指标，消除系统误差，提高仪器或系统、传感器的正确性。在实际应用中，许多因素都可能影响传感器的准确性，因此，标定的目的在于将检测结果的误差降至最低，使精确度达到最大值。

声表面波湿度传感器的标定通常包括对标签天线的回波损耗、湿滞特性和感湿性能进行测试。回波损耗测试通常在微波暗箱中进行，实验室的环境温度设定为 25 ℃，相对湿度为 30% RH。湿滞特性测试同样在环境温度为 25 ℃时进行，湿度范围从 20% RH 到 90% RH，以 5% RH 的梯度进行脱湿吸湿测试。

声表面波气体成分的标定一般需借助标样气体，在多种标样气体的对比测试下开展数据对比测试，如在串联回路系统中，标准气体被同步供给至标准仪器和声表面波传感器，然后同时读取标准仪器和声表面波传感器的数据，从而确定误差值。但气体的测量不仅包括误差，还包括量程，因此，标准气体可能有多种规格。

针对复合气体的标定则比较复杂，如在 SF_6 气体中开展 SO_2 气体含量测试时，声表面波传感器用于 SO_2 的测量的同时，还必须顾及 SF_6 气体的影响。因此，在 SF_6 气体中开展 SO_2 含量测试时，应考虑多种气体含量比环境条件下的测试。另外一个不可忽视的调试因素是气体压力，由于声表面波传感器对气体压力非常敏感，因此，处于不同的气压状态下，声表面波传感器感知 SO_2 气体的灵敏度、准确度都不尽相同，这对声表面波传感器的标定和修正的算法都提出了更高的要求。尽管部分声表面波传感器采用了双路或多路并行参考的模式，可以通过读取传感器的参数响应差来降低气压影响，提高感知气体组分的灵敏度和准确度，但这不可避免地需要被参考的声表面波传感器具有良好的密封条件，从而提高了传感器的生产制造成本。

可以对声表面波湿度传感器、气体传感器进行综合的标定，验证其在不同环境条件下的性能表现，从而确保其准确可靠地应用于相应的湿度检测任务中。标定的过程不仅提高了仪器的测量精度,也为用户提供了可靠的数据支持,使其在实际工作中具有更高的应用价值。首先测试传感器标签天线的回波损耗,矢量网络分析仪采用安捷伦(Agilent)矢量网络分析仪(vector network analyzer,VNA)E5061B,其扫频范围为 0.5~1.2 GHz,标签的测试结果如图 5-7 和图 5-8 所示。

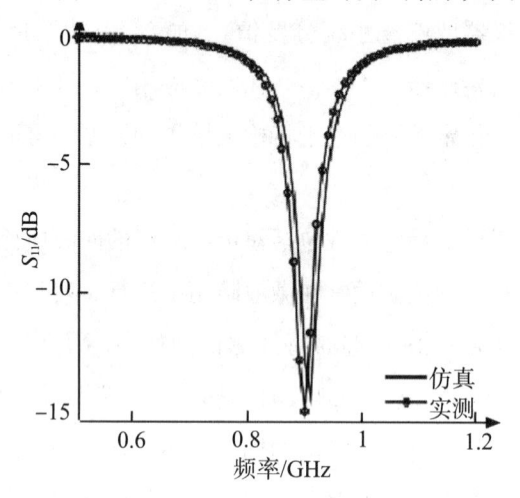

图 5-7 SAW 传感器标签频域图

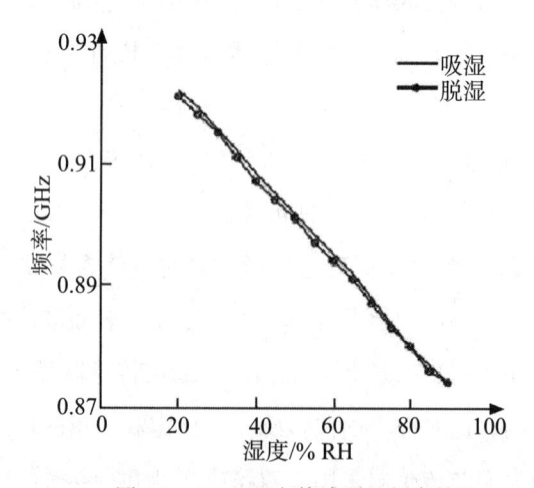

图 5-8 SAW 湿度传感器的频率特性

测试结果表明,所测声表面波湿度传感器标签的回波损耗带宽为 0.923 GHz、0.87 GHz、0.05 GHz,工作频率为 914 MHz,参数符合设计的基本要求。但如前文所述,声表面波传感器用于特定气压环境时,还应考虑到多种气体组分及气压的影响。

以湿度测量为例继续进行说明。微波暗箱测试声表面波传感器如图5-9所示。为了测试标签的感湿性能，使用了聚星仪器型号为VISN-R1200的射频识别综合测试仪作为RFID系统，该测试系统能够实时发射和采集射频信号，在不同温湿度条件下，采用VCL4003温湿度测试箱进行模拟。温湿度测试箱的温度精度为0.1 ℃，湿度精度为0.1% RH。在这个设定下，温度范围为-5～75 ℃，相对湿度范围为20% RH至90% RH，每5 ℃或5% RH为一个变化单位，共取255个温度湿度点。

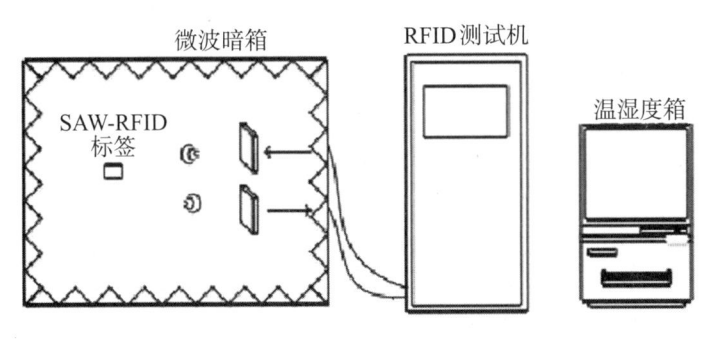

图5-9 微波暗箱测试声表面波传感器

在具体的实验过程中，测试箱在温湿度发生变化时，需要一定时间来调整和稳定温湿度，并确保测试标签的湿度也保持稳定。实验中随机选取在30% RH时进行恒湿升温实验（每次升温5 ℃），以及在25 ℃时进行恒温升湿实验（每次升湿5% RH），并记录测试箱和标签中湿度稳定的最长时间。实验结果显示，恒湿升温实验下，温度湿度稳定时间在4 min内，恒温升湿实验下，稳定时间在2 min内。

为了确保声表面波湿度传感器标签的测量精度，针对每个测试温湿度点，需要将湿度传感器静置6 min，以充分吸收或释放水分子，然后将标签置于微波暗箱中后读取湿度测量值，每组读取5次，再计算平均值。这样的标定过程能够有效保障传感器标签的测量准确性，使其在不同温湿度条件下具有稳定性和可靠性。255组数据中的部分数据见表5-1所列，其中，温度为温湿度测试箱的显示数值，湿度标准值为温湿度测试箱的显示数值，湿度测试值为声表面波湿度传感器标签的测量值。

表5-1 SAW湿度传感器测量值

温度/℃	湿度 /% RH							
	标准值	测量值	标准值	测量值	标准值	测量值	标准值	测量值
15.0	25.0	24.8	50.0	49.7	70.0	69.4	85.0	84.2
20.0	25.0	24.7	50.0	49.5	70.0	69.4	85.0	84.2
25.0	25.0	24.6	50.0	49.4	70.0	69.3	85.0	84.1
25.0	25.0	24.5	50.0	49.3	70.0	69.2	85.0	84.0
30.0	25.0	24.5	50.0	49.3	70.0	69.2	85.0	84.0
35.0	30.0	29.4	50.0	49.2	75.0	74.1	90.0	89.0
40.0	30.0	29.3	50.0	49.1	70.0	73.9	90.0	88.8
45.0	30.0	29.3	50.0	49.1	70.0	73.9	90.0	88.7
50.0	30.0	29.2	50.0	49.9	70.0	73.8	90.0	88.7
55.0	30.0	29.0	50.0	49.9	70.0	73.8	90.0	88.6

通过实验数据可计算出标准值与测量值的绝对误差。图5-10为不同湿度下绝对误差随温度的变化曲线图，由图5-10可知，相同温度下，测量误差随湿度的增加而变大，且变化趋势不相同；相同湿度下的测量误差也随着温度的升高而增大，且变化趋势亦不同。分析造成声表面波湿度传感器标签的湿度测量误差随温度变化的原因：声表面波传感器的波速在传播过程中受到多种因素的影响，包括大气压强、制造工艺、湿敏材料、压电材料等因素。这些因素造成的影响通常表示为

$$V=\frac{\partial V}{\partial m}m+\frac{\partial V}{\partial c}c+\frac{\partial V}{\partial \sigma}\sigma+\frac{\partial V}{\partial \varepsilon}\varepsilon+\frac{\partial V}{\partial T}T+\frac{\partial V}{\partial p}p+\cdots \tag{5-38}$$

式中，m 为薄膜质量；c 为薄膜弹性系数；δ 为薄膜导电率；ε 为介电常数；T 为环境温度；p 为环境压强。

利用薄膜在不同湿度下物理特性的变化制备不同原理的湿敏薄膜是一种常见的方法。湿敏材料主要通过质量负载效应和薄膜导电率这两个因素影响声表面波的波速。然而，在高温下，湿敏材料的吸水性能和介电常数会发生变化，这两个因素的变化也会影响声表面波的传播速度，因此，温度也成为影响波速的重要因素之一。

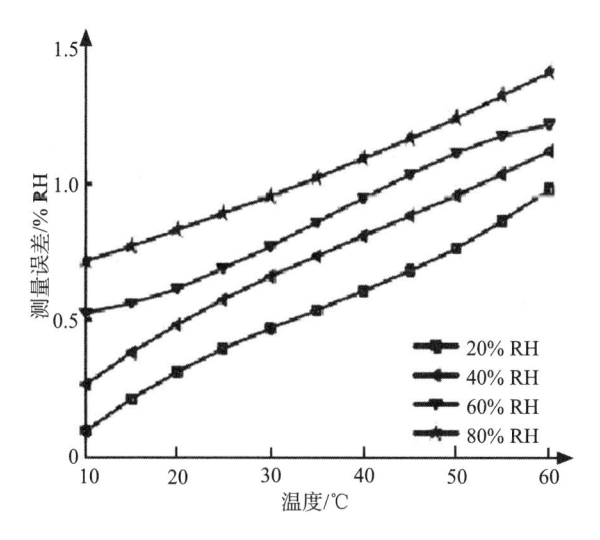

图5-10 不同湿度下绝对误差随温度的变化曲线图

与压电基底材料不同，湿敏材料对声表面波波速的温度影响较为复杂。为了克服温度变化对声表面波传播速度的影响，可以考虑采用改进的人工鱼群算法来优化BP神经网络，建立温度补偿模型。通过这种方法，可以更准确地预测湿敏材料在不同温度下声表面波波速的变化情况，提高传感器的测量精度和稳定性，从而更好地适应不同环境条件下的应用需求。

这种结合人工鱼群算法和BP神经网络的方法能够有效降低湿敏材料在高温条件下的温度影响，提高传感器的性能表现。通过建立温度补偿模型，可以更全面地考虑温度因素对声表面波的影响，为声表面波传感器的设计和应用提供更为精确和可靠的技术服务支持。

为验证所提出的改进的人工鱼群算法的优化性能，在MATLAB 2014的环境下，验证两组函数的收敛性能。

$$f_1(x,y) = (x^2+y^2)^{0.25}\left\{\sin^2\left[50(x^2+y^2)^{0.1}\right]+1\right\} \tag{5-39}$$

$$f_2(x,y) = \frac{\sin x}{x} \times \frac{\sin y}{y} \tag{5-40}$$

将式（5-39）和式（5-40）的三维图用MATLAB 2014绘制，并用改进后的人工鱼群算法和基于平均视觉的鱼群算法对两个函数寻优，其中，两种算法的设置为：人工鱼群算法的鱼群规模设置为50只，最大迭代次数设置为200次，觅食行为的最大尝试次数设置为20次。结果如图5-11和图5-12所示。

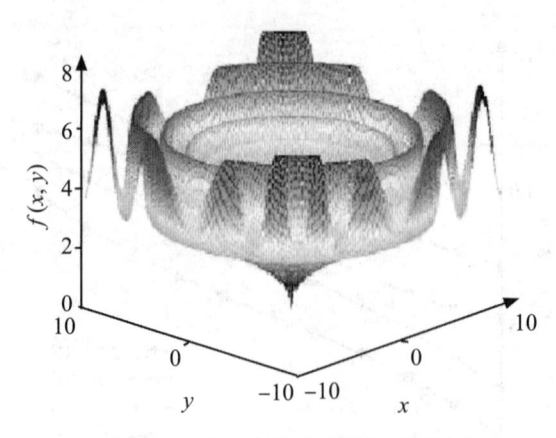

图5-11 人工鱼群算法的3D优化图

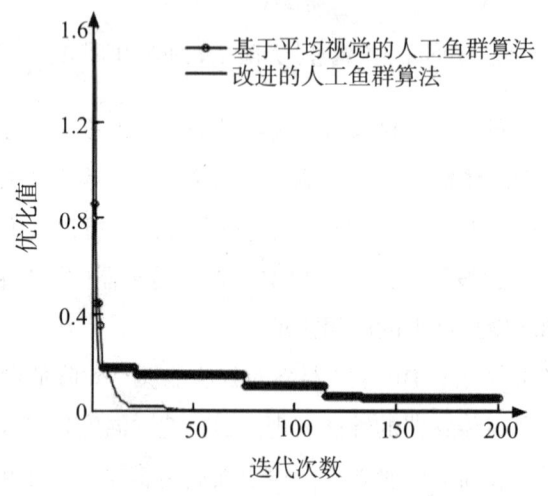

图5-12 人工鱼群算法优化收敛曲线

人工鱼群算法的最优化3D图如图5-13所示，函数f_1是一个有无限个局部极小值和（0，0）处最小值的函数，基于两种人工鱼群算法对函数的极小值寻优的结果，可知采纳平均视觉的鱼群算法的前期收敛速度极快，但是后期的收敛效果受鱼群聚集程度的影响变差，而所改进的人工鱼群算法在后期的收敛效果更优、精度更高。函数f_2是一个有多个局部极大值和（0，0）处最大值的函数，用两种人工鱼群算法对函数的极大值寻优的结果如图5-14所示，函数f_2的形式相对简单，所改进的人工鱼群算法在前期的收敛速度继承了平均视觉算法的优点，同时后期的收敛效果更优、精度更高。

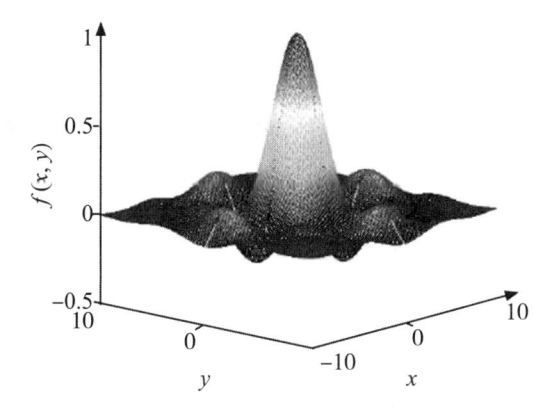

图 5-13　人工鱼群算法的最优化 3D 图

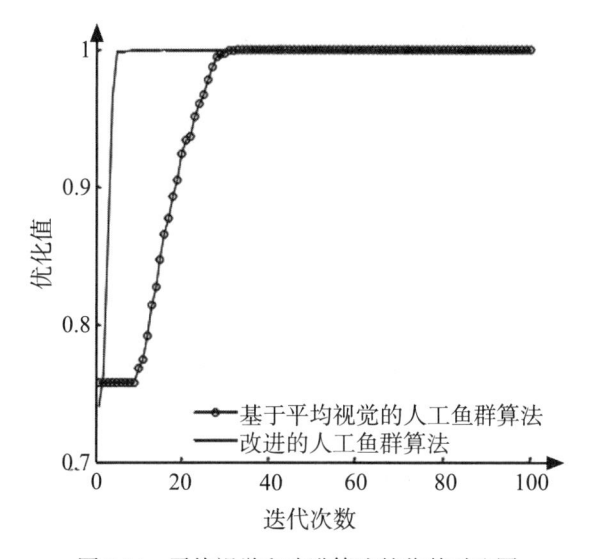

图 5-14　平均视觉和改进算法的收敛对比图

通过改进的人工鱼群算法优化 BP 神经网络，可解决 BP 神经网络在全局寻优能力较差的问题，主要通过优化初始的权值和阈值来提高神经网络的性能。改进的人工鱼群算法优化 BP 神经网络的算法结构一般包括以下三个部分。

（1）确定 BP 神经网络的结构参数：包括输入层、隐藏层和输出层的节点数，以及激活函数的选择等。这些参数的选择对神经网络性能的影响很大，因此，需要结合具体问题来确定最佳的网络结构。

（2）改进人工鱼群算法权值和阈值的优化：在确定了神经网络的结构参数后，可以利用改进的人工鱼群算法来优化神经网络的权值和阈值。通过这种优化方式，可以找到更优的权值和阈值组合，从而改善神经网络的性能，提高其全局寻优能力。

（3）BP神经网络的预测：经过权值和阈值优化后，将优化后的BP神经网络用于实际的预测任务。通过训练和测试神经网络，可以验证其在预测任务中的性能表现，包括准确性、泛化能力等指标。

通过以上三个步骤，改进的人工鱼群算法优化BP神经网络可以有效地提升神经网络的性能，解决全局寻优能力差的问题，从而使其更好地应用于各种实际场景中的预测和识别任务。这种结合人工智能优化算法和神经网络的方法，为提高预测模型的精度和效率提供了一种有效途径。将改进的人工鱼群算法优化BP神经网络的训练步骤描述如下：（1）确定BP神经网络的结构，即网络的输入层神经元个数 m、隐含层层数（优选一层）、神经元的个数 n 和输出层的神经元个数 p；（2）依据BP神经网络的结构，可以得到需要优化的权值、阈值个数，公式表述为

$$A = (V_{11}, \cdots, V_{1n}, \cdots, V_{m1}, \cdots, V_{mn}, W_{11}, \cdots, W_{1p}, \cdots, W_{n1}, \cdots, W_{np}, V_1, \cdots, V_n, W_1, \cdots, W_p)$$

（5-41）

（3）初始化改进人工鱼群算法与BP神经网络的参数：人工鱼群数目 $fish_{num}$、视步系数 $a(0<a<1)$、最大迭代次数 Max_gen、最多试探次数 Try_number、BP神经网络的训练目标值 Goal、训练次数 Num，以及学习速率 Spd；（4）计算初始化人工鱼群当前位置的食物浓度，并在公告板中记录当前初始化人工鱼群的最优值；（5）执行人工鱼群算法，每次迭代更新公告板，记录最优鱼的位置及浓度信息；（6）迭代收敛判断：迭代次数 Max_gen 达到最大值，或者优化的网络误差达到设置的 Goal，否则执行步骤（5）。

人工鱼群算法与BP神经网络的最优化算法流程如图5-15所示。

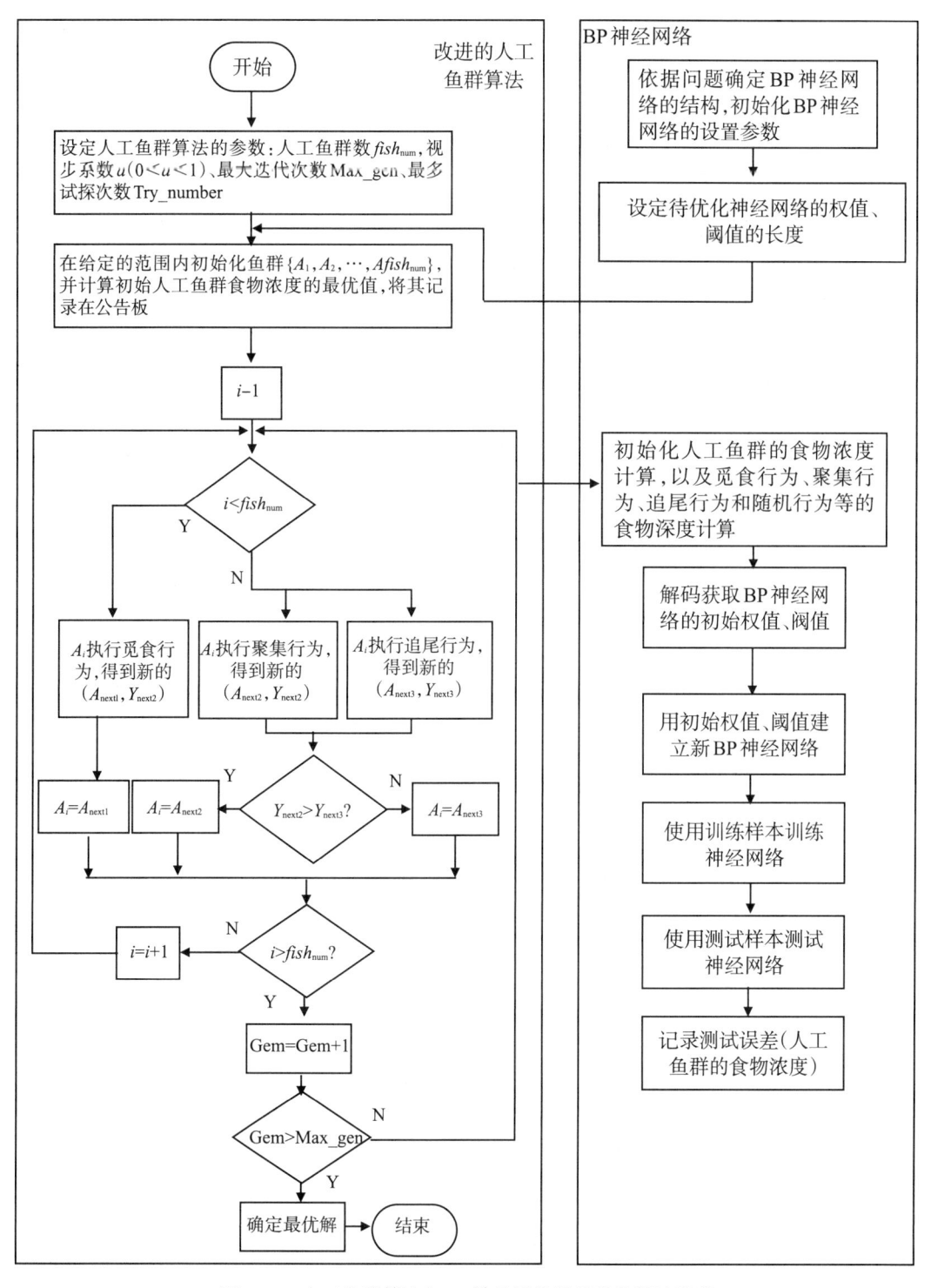

图5-15　人工鱼群算法与BP神经网络的最优化算法流程

为了检验人工鱼群算法优化的 BP 神经网络的性能，用 BP 神经网络对已知函数 f_3 进行函数逼近拟合实验。所选函数为

$$f_3(x, y) = \left[\frac{2}{0.5+(x^2+y^2)}\right]^2 + 2(x^2+y^2)^2 \qquad (5-42)$$

建立输入层神经元为 2、隐含层为 3、输出层为 1 的 BP 神经网络，其中，BP 神经网络的训练参数：输入层到隐含层的权值数为 6、隐含层阈值数为 3、隐含层到输出层的权值数为 3、输出层阈值数为 1，总共 13 个待优化参数；训练函数选择 trainlm( )，训练的次数为 100 次，目标为 0.01。将人工鱼群算法的鱼群规模设置为 20 只，最大迭代次数为 30 次，其中的觅食行为的最大尝试次数设置为 10。在函数 f_3 的部分数据中随机选取 500 组作训练样本，50 组作测试样本。以 BP 神经网络的输出误差的 2 范数为适应度函数，适应度值越小，说明误差越小、神经网络的泛化能力越强。函数 f_3 的三维图用 MATLAB 2014 绘制，如图 5-16 所示，将两种人工鱼群算法优化的 BP 神经网络的适应度值曲线作对比，并对两种 BP 网络预测误差。

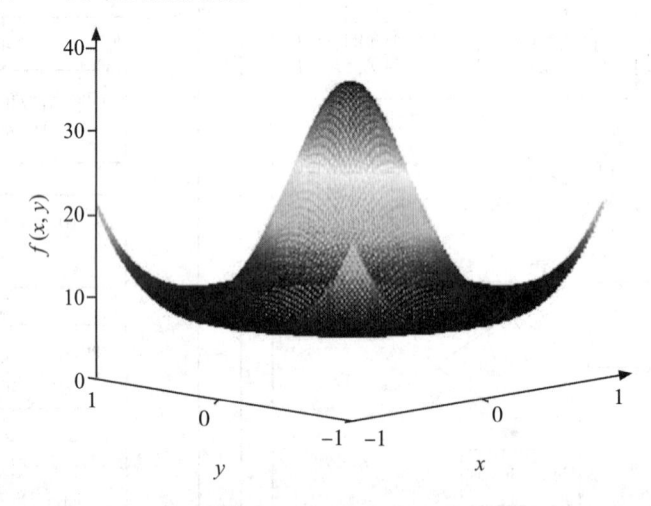

图 5-16　改进后的 BP 神经网络最优化 3D 图

255 组数据的 220 组数据作为 BP 神经网络算法的训练样本，20 组数据作为 BP 神经网络算法的测试样本。通过对基于平均视觉优化的 BP 神经网络算法和提出的改进人工鱼群优化的 BP 神经网络算法在 MATLAB 2014 环境下建立模型，并进行仿真分析，验证所改进算法的性能与补偿效果。两种算法所使用的神

经网络模型相同，皆为 3 层网络结构。输入层 2 个神经元、隐含层 5 个、输出层 1 个。BP 神经网络的训练参数：输入层到隐含层的权值数为 10、隐含层阈值数为 5、隐含层到输出层的权值数为 5、输出层阈值数为 1，总共 21 个待优化参数；训练函数选择 trainlm( )，训练的次数为 100 次，目标为 0.1。将人工鱼群算法的鱼群规模设置为 20 只，最大迭代次数设置为 100 次，其中的觅食行为的最大尝试次数设置为 20。实验中以 BP 神经网络的适应度函数评价 BP 神经网络收敛的性能，改进鱼群算法与平均视觉的适应度曲线如图 5-17 所示，测试样本误差曲线如图 5-18 所示。

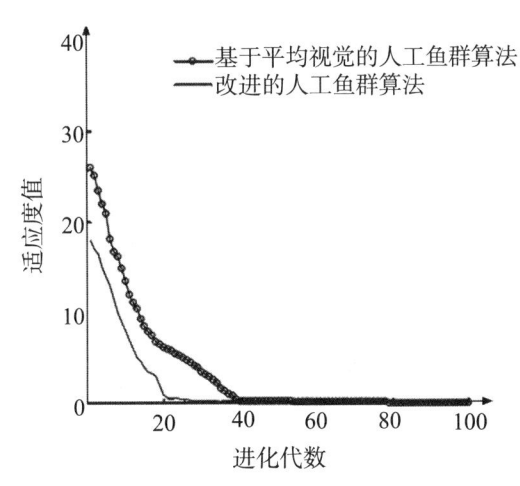

图 5-17 改进鱼群算法与平均视觉的适应度曲线

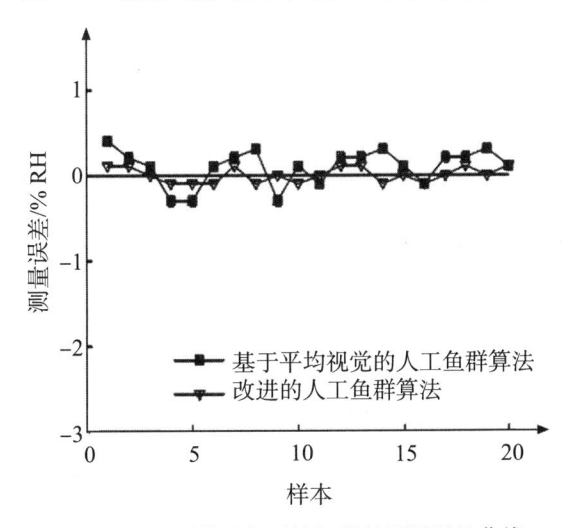

图 5-18 改进鱼群算法与平均视觉的测量误差曲线

第六章 复合型单基片声表面波多参数监测传感器的应用

6.1 GIS气体组分监测

作为高压电气设备，气体绝缘开关设备内的开关触头温度是重要的可靠性指标，但该触头部分一般位于屏蔽罩内，很难直接透过屏蔽罩获得触头位置的温度，因此需要直接测量靠近触头的导杆温度。

针对GIS内部开关触头部分难以直接测量温度的情况，现有技术已经成功设计了特殊形状和结构的声表面波温度传感器，用于测量靠近触头的导杆温度。传热学模型可帮助计算触头温度和导杆温度之间的关系，进而间接获取GIS触头部位的温度信息。为适应GIS特殊的结构和高压大电流的工作环境，传感器的设计必须确保不干扰GIS内部电场分布和绝缘性能。

为了实现GIS内部温度的监测工作，必须设计能够穿透GIS腔体结构的预埋式天线结构信号读写器。由于该实例中设计的声表面波温度传感器的谐振频率较高，且工作频率的变化范围较小，对读写器性能的要求较高，需设计高频率、高精度的读写器模块。为了实现后台控制和温度信息读取，需设计监测系统软件。此外，由于GIS内的电磁环境复杂，为了避免声表面波温度传感器使用时会受到GIS内复杂电磁环境的影响，需针对电磁骚扰的频段采用相应的硬件或软件方法降低电磁噪声对系统性能的影响，并通过试验和理论计算分析声表面波。

如前文描述，声表面波是一种沿着压电晶体表面传播的机械波，其传播速度通常是电磁波的5~10倍，同时能量主要集中在压电晶体表面。SAW技术与RFID技术的结合，形成的SAW-RFID系统，能够有效克服传统IC式RFID标签在强电磁干扰环境下难以正常工作的问题。SAW-RFID系统主要由声表面波传感器、SAW-RFID阅读器和后台处理系统组成，其中，声表面波传感器标签包括天线、叉指换能器、湿敏薄膜、压电基片和反射栅。

回顾SAW-RFID系统的工作过程：首先，SAW-RFID阅读器天线发射一定频率的查询信号；声表面波标签的天线接收到查询信号后，叉指换能器将天线接收的电信号转换为声表面波信号；声表面波信号沿着压电基片表面传播，经过声表面波传输基带时（如湿度传感器会配置湿敏薄膜，气体传感器会配置气敏薄膜），传播速度会根据被感知参数（如湿度、气体含量）的变化而发生改变；反射栅反射的回波通过叉指换能器的压电效应将声表面信号转换回电信号；最后，通过标签天线将电信号发送给SAW-RFID阅读器天线，阅读器再将信号传递给后台进行解调处理，以获取SAW-RFID标签上的湿度信息。

通过这种工作流程，SAW-RFID系统融合了声表面波技术和RFID技术的优势，实现了在复杂环境下的高效湿度监测。声表面波传感器的设计和工作原理保证了系统在强电磁干扰情况下的稳定性和可靠性，为湿度信息的准确采集和传输提供了可靠的技术支持。

为了进一步开展实验研究，高压设备的局部放电可以对绝缘气体产生分解效应。在局部放电作用下，SF_6气体会产生诸如SO_2、CO等气体。典型的高压放电气室电路如图6-1所示。电极的起始放电电压U_0 = 12 kV，实验设定电压为$1.5U_0$ =18 kV。实验利用检测阻抗将PD产生的脉冲电流信号送入Wave Pro7 100 A数字示波器，对PD信号进行实时监测。

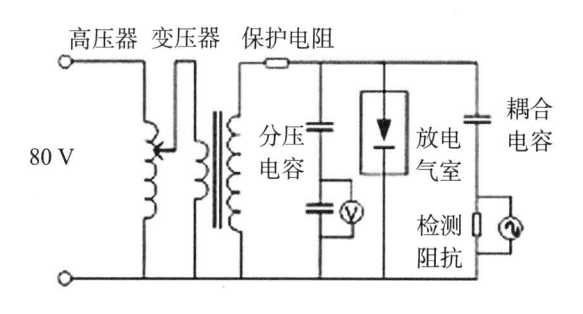

图6-1 典型的高压放电气室电路

高压放电气室内的SAW-RFID传感器测试结构图如图6-2所示，其呈圆柱形且体积为15 L。分解所生成的气体选用Agilent 7890BGC气相色谱仪进行定量测定。SF₆气体的相对湿度采用SAW-RFID湿度传感器与HM1520电容式湿度传感器测量。实验所用SF₆的纯度为99.995%。实验环境相对湿度为40%、温度为25 ℃。

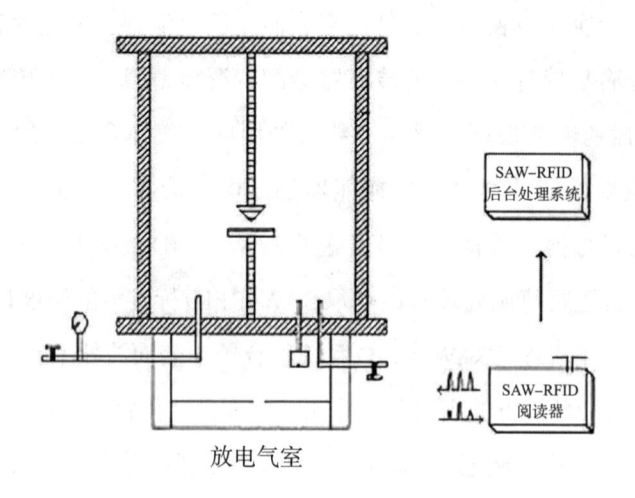

图6-2 高压放电气室内SAW-RFID传感器测试结构图

SF₆的特征组分与相对湿度有关，故用特征组分来对故障类型及严重程度进行判断时，必须得到不同相对湿度下的特征组分。为了模拟SF₆气体在不同相对湿度下的分解情况，选择了6种不同相对湿度的SF₆气体进行局部放电（PD）实验，6组相对湿度分别为15%、20%、30%、40%、50%、60%。SAW-RFID与HM1520的实验结果对比图如图6-3所示。

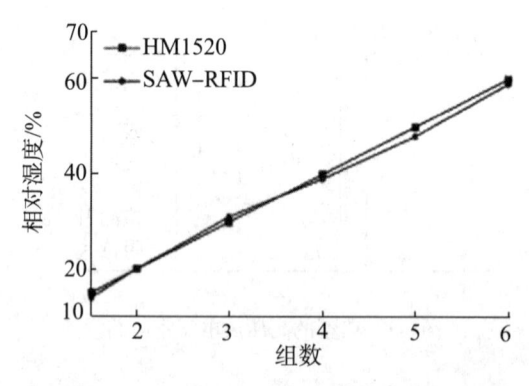

图6-3 SAW-RFID与HM1520的实验结果对比图

不同相对湿度下气体的生成简述如下：在真空气室中充入SF₆新气，然后再将其抽真空，重复3次，清洗气室；向真空气室注入实验所需的H_2O后，静置20 min，使其充分气化且均匀分布，注入SF_6新气至0.45 MPa，再静置24 h，得到均匀混合的气体；测量相对湿度，若相对湿度不合格，则重新开始；若相对湿度合格，采集此时的气体，分析实验前气体中的固有成分及体积分数，采集压强降为0.4 MPa。放电实验的步骤如下：采用逐步升压法将实验电压升至$1.5U_0$，即18 kV，在该电压下进行36 h的PD分解实验，并通过示波器监测放电；以6 h为间隔，从充放气口抽取气体进行组分定量分析；待实验完成后，将气室抽真空并静置48 h，以进行下一次实验。从图6-3可以看出，所述SAW–RFID湿度传感器与HM1520电容式湿度传感器相比，其测量的误差小，能够代替传统电容式湿度传感器对湿度进行监测。

图6-4为相同PD条件下的SO_2F_2湿度影响曲线，表明了不同湿度的SF_6气体分解产生的SO_2F_2的累积体积分数$\varphi(SO_2F_2)$的变化。由图6-4可见，不同湿度下的$\varphi(SO_2F_2)$的变化明显，湿度越大，初始$\varphi(SO_2F_2)$越大，且随放电时间的增加而变大，大致呈线性增长。PD作用下，SF_6和H_2O分别发生如下反应：

$$SF_6 + e^- \longrightarrow SF_x + (6-x)F^- \quad (x=1\sim 5) \tag{6-1}$$

$$H_2O \longrightarrow H^+ + OH^- \tag{6-2}$$

而PD下的F^-进行如下反应：

$$F^- + H_2O \longrightarrow HF + OH^- \tag{6-3}$$

$$F + \cdot OH \longrightarrow HOF \tag{6-4}$$

H_2O的存在相当于抑制了反应式（6-1）的逆反应，故SF_4、SF_5等的体积分数增加，又有如下反应：

$$SF_5 + OH \longrightarrow SOF_4 + HF \tag{6-5}$$

$$SOF_4 + H_2O \longrightarrow SO_2F_2 + 2HF \tag{6-6}$$

由反应式（6-5）、式（6-6）可以看出，气室中的H_2O抑制了SF_x向SF_6的复合，并生成SO_2F_2，且随着湿度的增大，$\varphi(SO_2F_2)$增加。

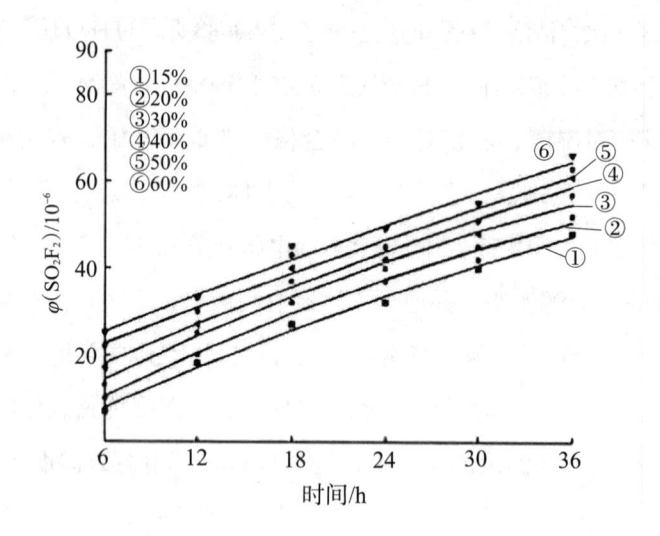

图6-4 相同PD条件下的SO_2F_2湿度影响曲线

相同PD条件下的SOF_2湿度影响曲线如图6-5所示。由图6-5可见，不同湿度下的$\varphi(SOF_2)$存在较大差异，湿度越大，初始$\varphi(SOF_2)$越大，且随放电时间的增长而增大。PD作用下，SF_4发生如下反应：

$$SF_4 + H_2O \longrightarrow SOF_2 + 2HF \tag{6-7}$$

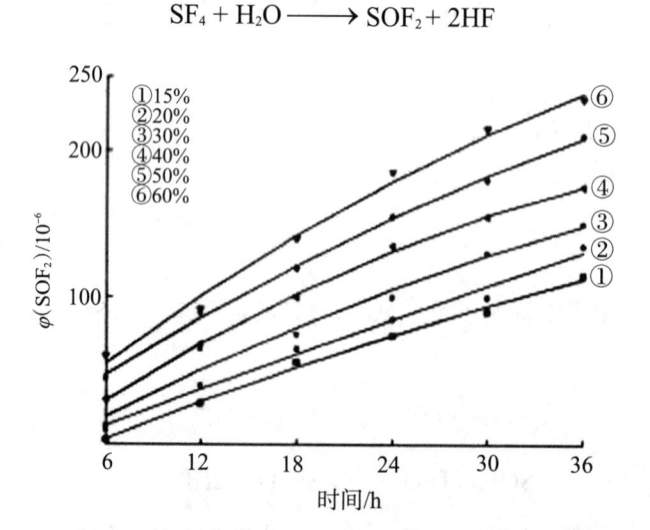

图6-5 相同PD条件下的SOF_2湿度影响曲线

不同湿度下，$v(SO_2F_2)$可以划分为变化期（时间小于30 h）以及稳定期（时间大于30 h）。在变化期，相同时刻下，$v(SO_2F_2)$大致随湿度的增大而减小；在稳定期，$v(SO_2F_2)$ 趋于稳定。由 SO_2F_2 的体积分数分析可知，不同湿度的 SF_6 气体在 PD 作用下所得分解产物 SO_2F_2 主要通过反应式（6-1）至式（6-6）而来，其中，式（6-6）为影响 $\varphi(SO_2F_2)$ 的关键反应。反应环境的温度和反应物的体积分数决定化学反应速率，实验的反应环境温度保持为 25 ℃，并且在相同 PD 作用下，SF_x 的体积分数基本不变，故湿度成为最终影响 $\varphi(SO_2F_2)$ 的决定性因素。当湿度较小时，反应式（6-1）至式（6-4）的反应速率较低，导致 PD 下产生的 SF_5 不能充分与 ·OH 发生反应生成 SOF_4，使得生成的 SO_2F_2 较少，故变化期初始 $v(SO_2F_2)$ 较大。随着湿度的增大，式（6-1）至式（6-4）的反应速率也随之加快，使得由 PD 所产生的 SF_5 与 H_2O 发生的反应更加充分，故变化期的 $v(SO_2F_2)$ 随湿度的增大而减小。在 PD 的作用下，各化学反应速率基本不变，不同湿度的 SF_6 气体在长时间 PD 作用下，相同时间内 SO_2F_2 的生成量大致相等，故稳定期不同湿度下的 SO_2F_2 的产气速率相同。

SOF_2 与 SO_2F_2 的相对产气率的变化趋势类似。式（6-7）表示 SOF_2 的生成过程，H_2O 对其生成具有促进作用。在放电起始时间段，H_2O 对 SOF_2 的生成有明显促进作用。随着 PD 的进行，放电气室内发生的化学反应基本趋于稳定，不同湿度 SF_6 气体在长时间 PD 作用下，相同时间内，SOF_2 的生成量大致相等，故稳定期内，SOF_2 的产气速率稳定且差异较小。由以上分析可知，湿度对 PD 下 SF_6 气体的分解特征组分有影响，故湿度的在线监测对 GIS 设备的故障类型及严重程度判断有重要意义。

6.2 高温振动监测

高温振动监测早期在航空航天、工业生产、核电等领域已经广泛应用，通过高温振动可及时发现异常信号，避免重大事故发生，减少经济损失。高温振动监测主要依赖于高温振动传感器来实现，传感器的性能直接影响监测的准确性和有效性，在后续故障诊断、设备维护、寿命预测等方面起着重要作用。然而，电气领域对高温振动传感器的需求则相对较少。测试环境中的高温、高压和辐射等恶劣因素，对传感器的生存性能提出了更高要求。

随着中国电力系统的发展，人们逐渐意识到在电气领域中对高温振动监测的需求。由于在GIS设备中广泛存在的振动可能对设备造成各种影响，甚至引起设备故障，因此已经研发出许多针对这一问题的技术手段。通过高温振动监测，可以对GIS设备中的振动情况进行实时监测和分析，及时发现异常振动信号，从而提前预警设备可能存在的问题，进而减少潜在的故障风险，保障设备的安全运行。

因此，在具有高温、高压和辐射等恶劣环境的电气领域中，高温振动传感器的研究和应用具有重要意义，可为设备的安全性和稳定性提供更可靠的监测手段，为电气设备的运行和维护提供技术支持。

根据传感原理的不同，常见的高温振动传感器可划分为压阻式、电容式、光纤式和压电式传感器。各种类型的传感器在高温振动监测领域具有不同的优势和适用性。

压阻式传感器利用电阻变化来响应振动，不易受电磁干扰，但其对温度的依赖性限制了在超高温环境中的应用。电容式传感器则通过测量平行板或叉指结构的电容变化来感知振动，具有较高的测量精度，但在高温环境下容易受到寄生电容的影响，抗干扰性较差。光纤式传感器由于不受电磁干扰，且能在高温环境下工作，因此得到广泛应用，但其需要复杂的信号解调系统，且光纤脆弱易被损坏，不便于长期在恶劣环境中使用。

压电式传感器则由于高灵敏度、宽响应频带和较大的信噪比，特别适合高温环境下的应用。常见的压电式传感器包括压电电荷型、压电电压型和声表面波型。普通的压电式传感器（如PZT）因损耗大，需要带高输入阻抗电路或电荷放大器来放大。声表面波传感器利用压电效应，通过叉指换能器将力学参数转换成电学谐振频率变化的压电传感器。声表面波传感器具有准数字输出、可实现无线传输、易于批量生产等优势，因此受到研究者的青睐。声表面波高温力学传感机制实质上是应变引起SAW电学谐振频率的变化，目前的研究重点主要集中在高温压力、应变、振动等方面。这些传感器的发展和应用为高温振动监测提供了技术支持，未来有望在更广泛的领域中得到应用。

目前，有利用声表面波延迟线技术进行应变、振动和温度的感知技术。延迟线不仅具有谐振器谐振频率与被感知参数的变化关系，还具有传输或反射时延受被测参数变化影响的显著特点。已经在应用场景中证实，延迟线的灵敏度可以获得与谐振器相媲美甚至优于谐振器的特性，延迟线在多功能化、专业化应用环境中更受设计者的青睐。

目前，已经研发出了利用高温陶瓷黏结剂粘贴在金属悬臂梁上的传感器、方形空腔结构的硅酸镓镧SAW高温压力传感器、将SAW传感器粘贴在旋转体上模拟旋转振动环境无线测试，以及基于镍基合金悬臂梁上粘贴LGS（镧钇硅酸盐）SAW传感器等，以期实现多路SAW传感器集成系统在高温电力行业的应用。上述研究大多利用高温黏结剂制备器件结构或将传感器粘贴在力学部件上，以实现高温力学测量。器件的最高工作温度受限于黏接剂的耐高温性能和黏接过程中可能出现的热应力不匹配等问题。通常，由于黏接剂的性能限制，以及黏接时可能产生的热应力问题，器件的测试最高温度通常在500 ℃左右。此外，对于SAW振动传感器来说，其工作频率也受限于所粘贴的部件结构。SAW振动传感器的工作频率和性能会受到粘贴的部件结构的影响。

另一种类型的声表面波振动传感器是利用压电材料本身的结构形式构成器件的载体，对它的主要研究集中在通过材料和结构设计来改善器件的性能等方面。通过优化压电材料与结构的设计，可以提高器件的性能，包括工作温度范围、频率响应和抗干扰能力等。这种设计形式使得声表面波振动传感器在高温环境下具有更好的稳定性和可靠性，对其应用于高温振动监测等领域具有重要的意义。

总而言之，对于高温振动传感器而言，必须考虑到器件组装中的各种因素对其最高工作温度的限制，同时通过优化压电材料的结构设计等手段来提高传感器的性能和稳定性，以满足在高温、高压等恶劣环境下的应用需求。

在现有的研究中，声表面波振动传感器通常基于单一悬臂梁结构，存在固有频率低、工作带宽窄等问题。此外，现有研究大多集中在传感器在常温下的性能上，缺乏针对SAW振动传感器在高温环境下的传感机制和热力耦合性能等方面的研究，这限制了其优势性能，如无线传输在高温领域的应用。因此，开展针对高温环境下SAW振动传感器的研究具有重要意义。

在这样的背景下，一种基于新型高温压电单晶材料LGS的四端固支梁SAW高温振动传感器应运而生。通过优化结构与算法设计，采用8个相同SAW谐振器对称布局，该传感器可以实现高达 800 ℃ 温度下的振动测量，具有高灵敏度、宽频段等特性。进一步构建了四端固支梁 SAW 振动传感器的数学模型，为器件结构的优化设计提供理论依据。通过在 20～800 ℃ 范围内进行高温力学与电学性能的仿真，揭示了 SAW 高温振动传感器在高温环境下的变化规律。通过实验初步验证了该设计方案的可行性，为 SAW 高温振动传感器的研究提供了参考，并拓宽了其在高温领域的应用范围。

这项研究的提出和实施有望为解决现有 SAW 振动传感器在高温环境下存在的问题提供新思路和解决方案，为其在高温领域的应用提供新的可能性，且提供了有力的技术支持。SAW 振动传感器的工作原理示意图如图 6-6 所示，其敏感元件为位于梁上的 SAW 谐振器，该谐振器具有基础电学谐振频率 f_0。当外界发生振动时，SAW 振动传感器的梁产生应变 ε，导致声表面波传播路径上的速度 v 与波长 λ 发生改变，从而引起 SAW 谐振器的电学谐振频率 f 变化。因此，可以用该变化来表征外界振动。

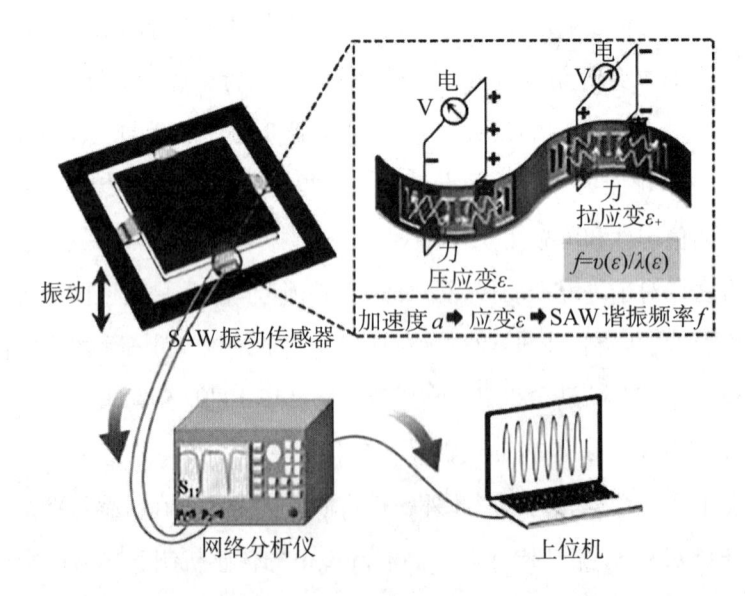

图 6-6　SAW 振动传感器的工作原理示意图

振动传感器的主要性能指标包括灵敏度和固有频率。灵敏度表示传感器对微弱信号的检测能力，固有频率则表示传感器的工作频率范围，固有频率越大，工作频段就越宽，适用范围也更广。然而，传感器的灵敏度与固有频率之间存在着较强的耦合关系，因此需要建立合适的数学模型，以便更好地实现传感器的优化设计。

对于声表面波振动传感器的设计，首先需要根据设计目标制定合适的器件设计方案。具体来说，需要选择适当的压电材料和结构方案。在提到的设计方案中，使用了LGS材料，采用了四端固支梁结构，并在梁上对称布局8个SAW谐振器。随后，需要依次进行传感器各结构参数的设计，包括边框尺寸参数设计、SAW谐振器位置及算法设计、SAW谐振器参数设计、四端固支梁参数设计等部分。通过系统的设计过程，可以有效提高传感器的灵敏度和固有频率，从而提高其在振动监测等领域的应用性能和可靠性。

6.3 气体标定

气体标定是用于确认气体传感器性能的过程。在气体传感器中，气体标定通常将传感器暴露在已知气体浓度下，以确保传感器的响应与实际气体浓度之间的准确性和一致性。为保证良好的衔接性，气体标定在前文已经略作介绍，这里将进一步阐述。通常将气体标定分为零点校准和斜率校准两个过程。

（1）零点校准：零点校准是指将传感器暴露在零浓度的气体环境中，采集传感器的输出信号。通过这个过程，可以确认在零气体浓度下，传感器的输出是否为零以及传感器的基准值。如果传感器在零点校准时有偏离，需要进行调整以确保传感器的准确性。

（2）斜率校准：斜率校准是指将传感器暴露在已知气体浓度的环境中，采集传感器的输出信号，并与实际气体浓度进行对比。通过这个过程，可以确定传感器的响应曲线，以及对应不同气体浓度下的输出信号变化。这有助于确保传感器在不同浓度下的灵敏度和准确性。

气体标定的目的是确保气体传感器能够准确地检测和响应特定气体浓度，从而提高传感器的可靠性和精度。定期进行气体标定是非常重要的，因为随着时间的推移，传感器性能可能会发生变化或漂移，需要进行校准来保证其性能不偏离预期。

针对易燃、易爆、有毒等无机气体（如 H_2S 和 SF_6）检测这一重要问题，目前，小型 H_2S 检测器通常采用半导体传感器，利用电阻的变化来检测气体浓度。常用的敏感材料包括 ZnO、ZnS、WO_2、SnO_2 等，其中，SnO_2 因其高灵敏度和稳定化学性能而得到广泛应用。然而，这些传感器通常需要在较高温度（通常在 150 ℃以上）下工作，且灵敏度较低（通常为 $100×10^{-6}$），在目前的研究中，通常针对材料本身进行改良以提高灵敏度。

例如，对 SnO_2 材料进行掺杂（如 Ag_2O、CuO、Ag、Pt 和 Pd 等）可以提高灵敏度，但提高倍数有限（通常为 3~8 倍），而且仍需要较高的工作温度。在这种情况下，需要进一步探索新的方法和材料，以提高无机气体检测器的性能，特别是在低浓度下的灵敏度和稳定性。

SF_6 气体密度监测是电力系统运维中的重要部分。SF_6 气体泄漏可能导致设备故障或工作人员中毒，因此需要高效、准确的监测系统来确保电力系统的安全运行。

总的来说，针对有害无机气体的检测技术仍有待进一步研究和改进，包括提高传感器的灵敏度和稳定性、降低工作温度和扩展检测范围等方面。通过不断地创新和探索，可以有效提高传感器对这些有害气体的检测效果，保护人体及环境免受其危害。

纳米敏感膜因其具有较大的敏感面积，近年来已成为研究的热点。据报道，纳米敏感膜可以实现较高的灵敏度，并且可以将工作温度降低到 50 ℃以下。然而，目前纳米膜的规模化生产仍需要进一步研究和开发，以满足实际应用的需求。

在无机气体检测领域中，SAW 传感器是一种备受关注的检测器，其因为体积小、灵敏度高、成本低等优点而备受青睐。采用 SAW 传感器结合半导体敏感膜（如 SnO_2）来实现对 H_2S 气体的检测，旨在探索一种在常温下实现对无机气体高灵敏度检测的方法。

通过将 SAW 传感器与半导体敏感膜结合，可以利用 SAW 传感器的高灵敏度和半导体敏感膜对特定气体的选择性吸附作用，实现对 H_2S 气体的准确检测。这种方法不仅可以提高检测的灵敏度，还能在常温下实现对无机气体的高灵敏度检测，有望在无机气体监测和控制领域发挥重要作用。

SAW气体传感器的立体结构图如图6-7所示。

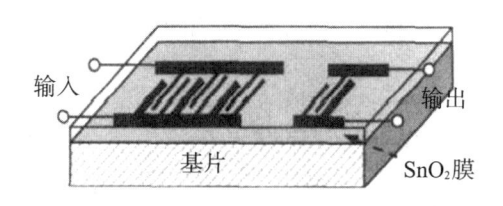

图6-7　SAW气体传感器的立体结构图

通过将SnO₂半导体敏感膜覆盖在基片上，可以实现对H₂S等待测气体的检测。当SnO₂敏感膜吸附待测气体H₂S后，使SnO₂材料的物理参数发生变化，如电导率和密度等因素的变化。这些变化会影响固体中SAW的激发和传播，产生扰动。经过扰动后的声波信号将通过换能器接收到，并被测量和分析。

SnO₂敏感膜表面具有表面悬键和大量氧缺陷，使其具有高表面活性。氧在SnO₂纳米颗粒表面形成负离子形式吸附，导致材料的电阻率降低。当SnO₂吸附气体后，还会引起质量加载效应。这两种效应会同时扰动声波的传播。

相比于半导体传感器，SAW传感器在灵敏度的改善方面有以下两个主要优势。

（1）高频率反应特性：SAW传感器通常工作在几十至几百MHz的频段，扰动信号能够迅速且敏锐地反应到频率域上。这使得SAW传感器能够对信号变化作出高度灵敏的响应，从而提高了灵敏度。

（2）质量加载效应：金属氧化物（如SnO₂）敏感膜对待测气体的吸附会引起电导率的变化，同时会带来质量加载效应。这两种效应相结合，增加了传感器对待测气体的敏感度，并且有助于改善传感器的灵敏度。

因此，结合SAW传感器和SnO₂半导体敏感膜，可以提高对无机气体检测的灵敏度和准确性，为常温下进行高灵敏度无机气体检测提供了一种有效的解决方案。

SAW传感器气体腔测试图如图6-8所示，其主要功能包括声表面波检测、温度控制、气体流路控制和数据采集四个部分，声表面波检测器采用机电耦合系数较大的36°YX-LiTaO₃作为基片，声波工作模式为剪切型乐甫波，可以降低换能损耗；叉指采用单相单向（SPUDT）结构降低双向损耗；SnO_2采用磁控溅射薄膜。样品先在压电基片上采用半导体平面工艺做成叉指换能器，然后整体采用磁控溅射SnO_2，最后在400 ℃温度下经过2.5 h的晶化过程，颗粒直径为25~30 nm。

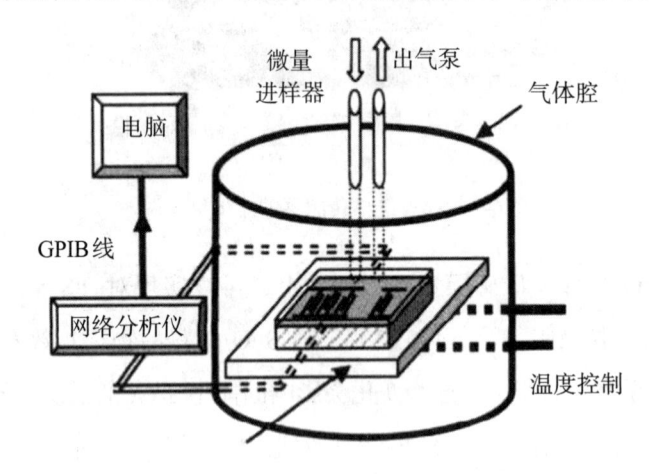

图6-8　SAW传感器气体腔测试图

对于金属氧化物敏感膜的SAW气体传感器，一般在高温下才有气敏性或较好的气敏性。对SnO_2纳米薄膜进行了在室温下工作的H_2S的测试，在28.5 ℃下，对$200×10^{-6}$ H_2S进行测试，$200×10^{-6}$ H_2S引起的频率下降约为145 kHz，即常温下能检测到$100×10^{-6}$级的H_2S气体，与半导体传感器相比较，其灵敏度较高，即在室温下对H_2S有较高灵敏度。仅采用纯SnO_2膜的响应与恢复过程较慢，响应时间约为90 min，恢复时间约为70 min。

实际标定过程还需要考虑温度，温度频率谐振点在390 MHz时基本稳定，SO_2含量从$1×10^{-6}$到$200×10^{-6}$的频率变化曲线覆盖420 ~421 MHz。为了排除温度漂移影响，可以将SO_2测定频率与温度频率进行差值计算，建立Δf与气体含量的模型关系。由于温度与气体是同模组，同时测量，因而可以获得较高的灵敏度。

气体传感器的标定过程不复杂，但比较费时费力，且传感器的感知曲线通常都不是线性的，需要通过数学方法拟合修正，若采用神经网络算法，又需要大量的训练样本，耗费更多的标准气体和测试时间。最关键的是，以上的算法只能用于同一种结构、同一种气敏材料，声表面波传感器的延迟线长度差异、压电材料差异、气敏薄膜厚度差异同样会引入显著误差，这也是导致无线无源类传感器难以被广泛应用的制约因素之一。

6.4　电力设备振动及温度监测

根据声表面波器件的原理，SAW传感器具有对机械量敏感的压电特性，这意味着压力或振动可以影响声速，从而导致谐振频率的变化。在声表面波传感器的应用中，当声表面波谐振器用于GIS触头的温度监测时，它将同时受到温度和机械振动的影响。由于声表面波传感器在温度和振动方面具有交叉敏感性，因此很难将两者对声表面波传播速度的影响进行有效分离。因此，为了准确测量温度的变化，需要采用其他方法来区分温度和振动的影响。

当传感器发生振动时，会在传感器芯片上产生加速度的变化，从而产生应力或应变，进而导致声速和谐振频率随振动而变化。为了消除振动对声表面波温度传感器的影响，主要采用以下方法。

（1）选用对振动不敏感的压电基片材料或采用多层基片设计的方法，将声表面波传感器沉积在多层介质中，如在声表面波传感器底部沉积或电镀二氧化硅。

（2）基于谐振频率附近的频带敏感性，通过理想的带通滤波器滤除振动信号。或采用如上述第一种方法将声表面波传感器与振动过滤介质组成新的传感器介质，使其只对温度敏感，从而有效缓冲振动信号。

（3）通过多次测量结果的平均值降低振动信号对系统的影响，提高信噪比。

（4）针对更高精度要求，可以采用两个特性相同、位置相同的传感器或阵列传感器构成差分传感器，以进一步减小振动的影响。

（5）采用不同规格、不同谐振频率的声表面波传感器在空间上非平行布置，利用声表面波传感器的材质与感知系数差异等提取振动量。

（6）在安装时充分考虑现场振动信号的幅度、角度，通过传感器底座的承重模块、弹簧、液体或其他缓冲介质形成机械滤波。

不管采用哪种方法，为了准确地测量温度，需要对声表面波温度传感器受振动影响的现象进行适当处理，结合应用场景，去除振动对声表面波谐振频率的影响，以提高监测系统的准确性和稳定性。上述第五种方法已有采用三种以上声表面波传感器的组合方法进行测量,通过提取三种声表面波传感器的谐振频率差,基于曲线或趋势计算加速度,从而利用数学方法进一步获得振动频率和强度等关键信息。

GIS设备的振动属于运行状态的关键健康指标,因此,应对它的振动特性进行全面深入的研究。简而言之,它的振动因素主要来自以下两个方面。

(1) 机械力和电磁力引起的振动:GIS设备在运行时受到机械力和电磁力产生振动。这包括了开关设备操作时产生的机械力,导体中交变电流产生的电动力,以及互感器中铁芯产生的电磁力。这些机械力和电磁力会在GIS设备内部引起振动。由于GIS的电磁力、机械力均与负荷有一定关系,因此,不能简单地通过振动幅度判别设备的健康状态,而应更多地结合振动频谱、振动信号的周期性、稳定性等方面进行分析,必要时可将负荷曲线导入对比观测振动曲线,通过数学方法深入剖析振动是否处于正常区间内。

(2) 导电杂质局部放电引起的振动:GIS设备内的导电杂质局部放电也会导致振动。这些导电杂质包括GIS内部未完全清除的自由金属微粒和固定导电杂质。在高电场的作用下,这些杂质会引起上下扰动,与GIS设备的导体和外壳发生碰撞,或者导致电晕放电,从而诱发GIS设备的振动现象。这种振动一般而言有相对严格的周期性,在正弦波周期的峰值处于振动幅度最大区域。但这种振动同时也具有一定规律,如振动的幅度小,但频率偏高,且振动的频率可能在一定范围内波动,而不是固定的某个频率。

SAW振动传感器的频率幅度灵敏度见表6-1所列。

表6-1 SAW振动传感器的频率幅度灵敏度

振动源	开关操作机械力	交变电流电动力	铁芯交变电磁力	自由金属颗粒运动	固定杂质局部放电
幅值/g	10^{-2}	10^{-2}	10^{-2}	10^{-3}	$10^{-5} \sim 10^{-3}$
频率/kHz	0.2~1.5	0.2~1.5	0.8~1.5	2~10	5~17
是否影响GIS绝缘	否	否	否	否	否

因此，GIS设备的振动可以由不同来源产生，其振动频率是各不相同的。一方面，由机械力和电磁力引起的振动频率较低，主要集中在2 kHz左右，且振幅较大，因此，它是GIS设备的主要振动来源之一。另一方面，由自由或固定的导电杂质引起的振动频率较高，集中在2～20 kHz，尽管振幅较小，但可能会导致GIS内的放电故障。GIS设备的导体振动可以看作一些正弦振动和余弦振动的叠加，其振动频率和振幅各不相同。因此，建议讨论声表面波谐振器的振动灵敏度系数应限于简单谐波运动中的单一振动频率。当声表面波谐振器处于简谐运动状态时，其频率随时间的变化见式（6-8）。

$$f_t = f_0 + \Delta f_p \cos(2\pi f_v t) \quad (6\text{-}8)$$

其中，

$$\Delta f_p = \gamma A_p f_0 \quad (6\text{-}9)$$

式中，f_t为声表面波谐振器的瞬时频率；f_0为声表面波谐振器止时的频率；f_p为声表面波谐振器频率偏移的峰值；f_v为简谐运动的振动频率；r为声表面波谐振器的振动灵敏度；A_p为声表面波谐振器的峰值加速度。

声表面波谐振器在简谐运动状态时，振动会对声表面波谐振器的振荡频率、声表面波速度产生影响。根据压电基片的材料和封装方式的不同，声表面波谐振器的振动灵敏度系数是不同的，通常为$10^{-9} \sim 10^{-7}$ m/s^{2}数量级。振动灵敏度可以通过多个SAW传感器的频率特性实现。

对于GIS设备而言，其腔体结构复杂，包括加压套管、母线腔体、隔离开关、断路器、盆式绝缘子等多种结构，而这些结构使用不同的材料（如金属铅、环氧树脂、聚四氟乙烯）构建。在设计声表面波温度监测系统的安装位置时，需要考虑不同物理结构对探测灵敏度和信号传输的影响。由于声表面波传感器的监测信号强度较低，其穿透障碍物的能力较弱，因此，在条件允许的情况下，需尽可能测试不同障碍物对传感器检测距离的影响。

经过测试发现，环氧树脂、玻璃、聚四氟乙烯等障碍物对信号的传输距离产生衰减作用，使得声表面波监测系统难以有效透过这些材料进行信息交互。特别是在GIS设备中，声表面波监测系统的问询信号很难穿透其绝缘子、金属法兰孔或腔体壁观察窗传输到内部，与安装在触头处的声表面波温度传感器进行通信。

因此，为了有效导入声表面波监测系统的信号至GIS内部，需要设计一种能够预埋于GIS腔体内的信号读写器天线结构。GIS的内部空间狭窄，需要考虑到传输距离的问题。典型的GIS气体传感器实物图如图6-9所示，典型频谱图如图6-10和图6-11所示。

图6-9　典型的GIS气体传感器实物图

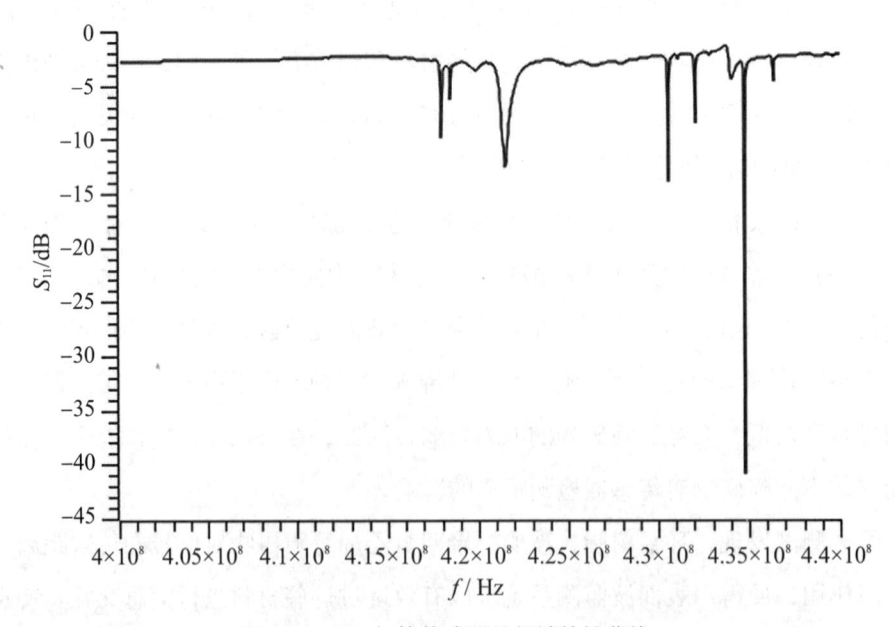

图6-10　GIS气体传感器的频域特性曲线一

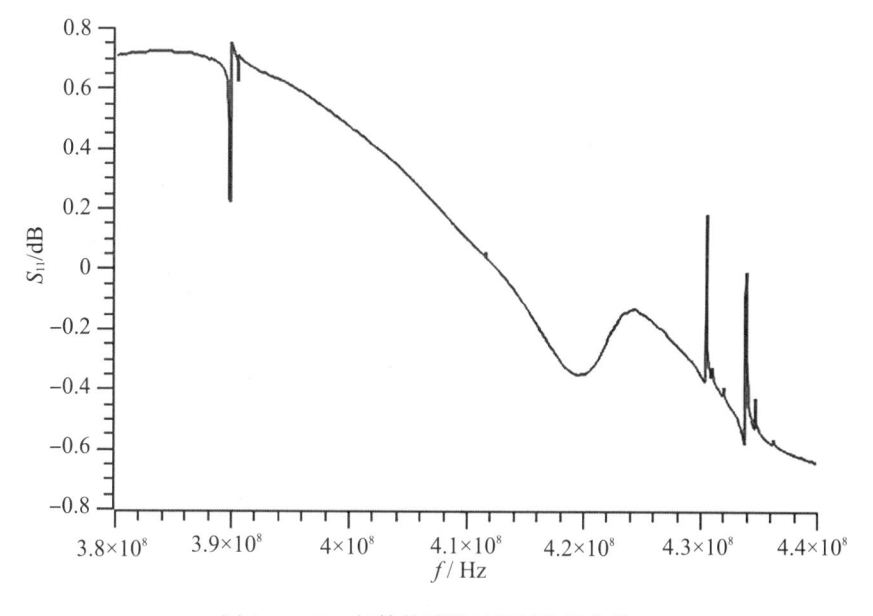

图6-11 GIS气体传感器的频域特性曲线二

图6-12（a）为典型的SAW气体传感器基片、实物焊接与设计图，图6-12（b）为SAW气体传感器频谱图。具有谐振器和延迟线双重特性的SAW传感器，展示了反射和传输双重图谱，以及SAW传感器基片实物图。

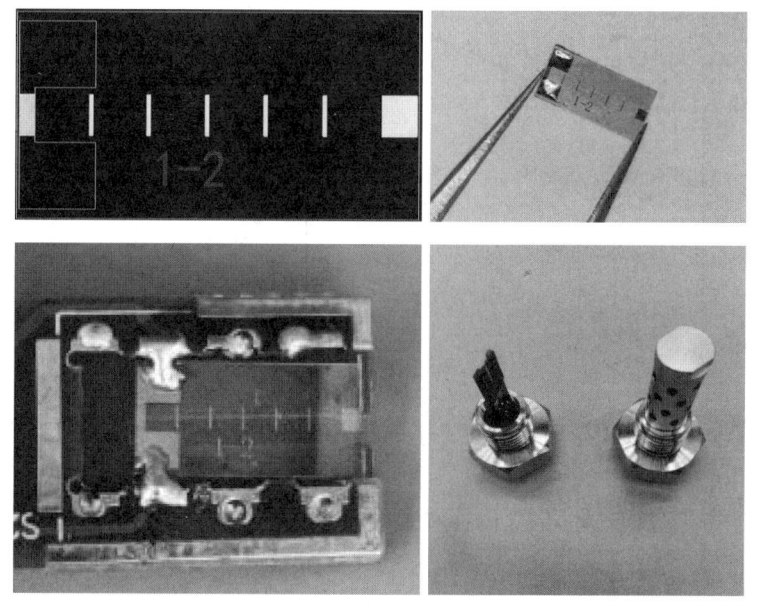

（a）SAW气体传感器基片实物焊接与设计图

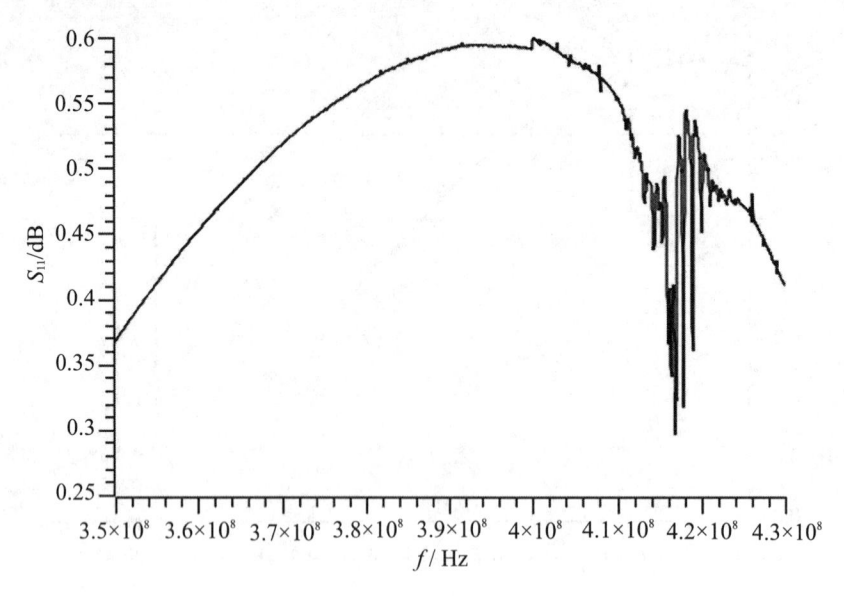

(b) SAW气体传感器频谱图

图6-12 典型的SAW气体传感器基片、频谱、实物焊接与设计图

图6-13是受湿度影响后的SAW气体传感器的频率特性曲线。

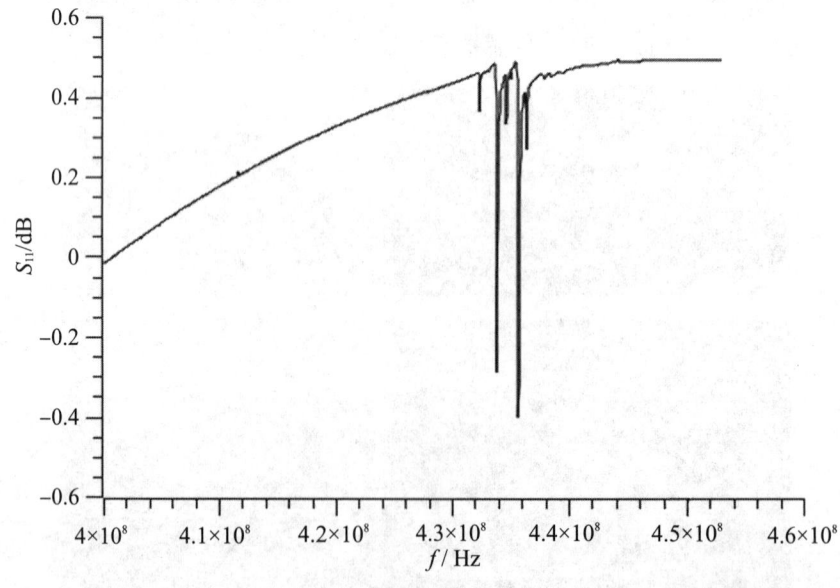

(a) 受湿度影响后的SAW气体传感器的频率特性曲线-直连测试

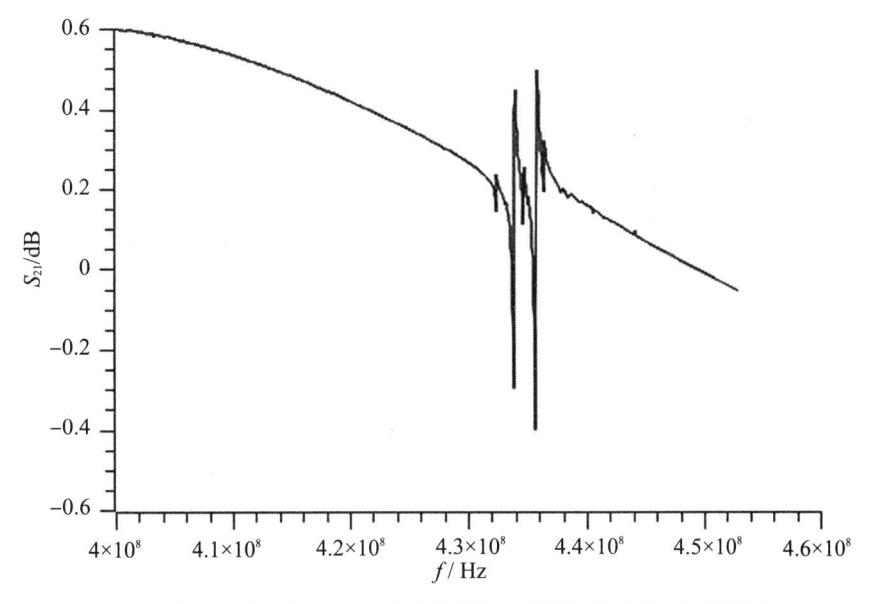

(b) 受湿度影响后的 SAW 气体传感器的频率特性曲线–无线测试

图 6-13　受湿度影响后的 SAW 气体传感器的频率特性曲线

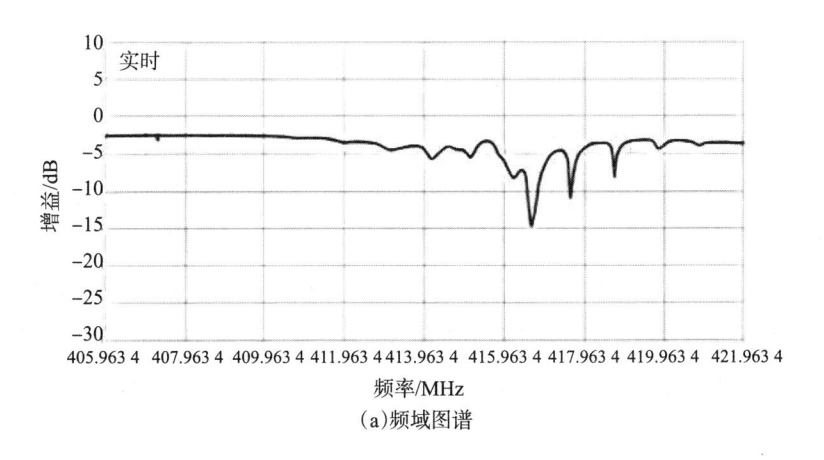

图 6-14 为 SAW 气体传感器的频域和时域对比图，即典型的延迟线型 SAW 传感器应用于 GIS 监测的频域图谱和时域图谱。它展示了两种分析模式，既可以通过多点频率解析监测参数，又可以通过时域的峰值点时差变化解析参数影响。

图 6-15 为多参数测试的频域曲线分布示意图，它覆盖了典型的 GIS 监测的多功能，包括局部放电、温度、湿度、气体组分或气压的监测。它属于典型的频域分析法。在开发的算法平台中，可以同步观测到时域特征。

(a) 频域图谱

(b)时域图谱

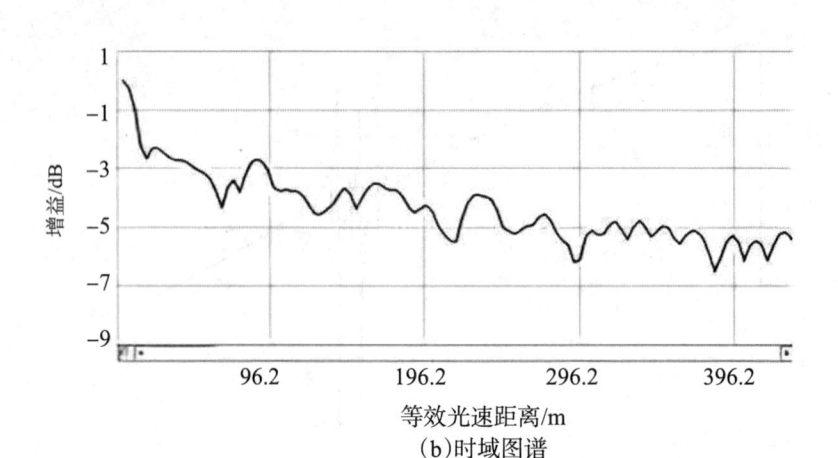

图 6-14　SAW气体传感器的频域和时域对比图

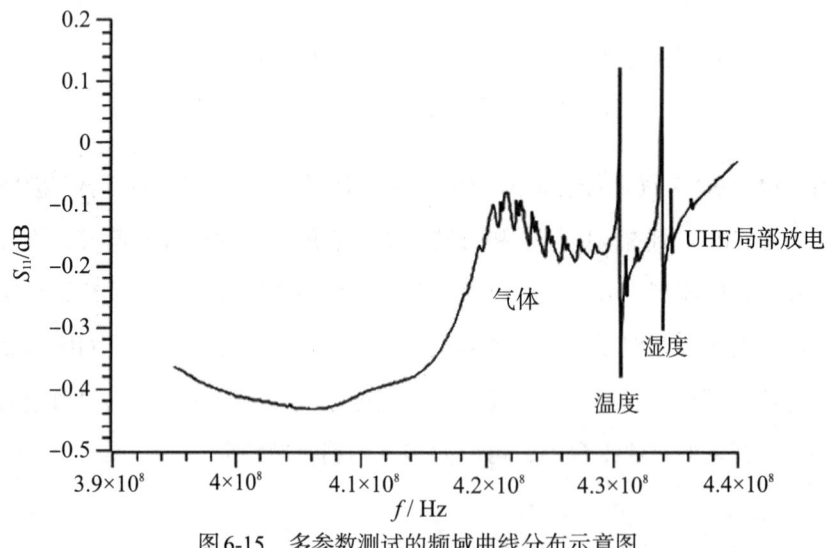

图 6-15　多参数测试的频域曲线分布示意图

针对多参数传感器，可以采取不同的校准方法分别处理，如对于如图 6-18 所示的气体组分或压力，可以采取多点频率或时域分析法，而针对温度、湿度，则直接采取频率偏移值法。在无SAW传感器光滑频段，可以捕捉UHF局部放电信号。针对气体组分，时域分析法是分析多个反射点之间的时差变化，而温湿度频率测量是根据频率偏差法计算的。它们都是根据测量值和被测标准值之间多个测量点的数据差异求取数学拟合函数实现，或者在数据样本足够的情况下利用深度学习模型实现。

测试监测系统的监测距离时发现,金属结构对信号传输产生显著影响。GIS SAW传感器的空间布局受环境因素的影响见表6-2所列。具体而言,在不同环境下,传输距离可能会有差异,采用偶极子天线作为读写器天线,发现放置声表面波温度传感器和读写器天线在地面上时,传输距离仅为47 cm;而将它们分别放置在相距100 cm的无限大的金属平面上时,传输距离能增至230 cm。这表明金属结构对声表面波监测系统信号传输具有重要的影响。

表6-2 GIS SAW传感器的空间布局受环境因素的影响

摆放位置	信号传输距离/cm
两者摆放在同一金属试验台上	100
两者摆在同一地面上	47
两者摆在不同金属台上	230

SAW传感器传输受金属影响的测试布局图(端对端金属布置)如图6-16所示。将声表面波温度传感器和读写器天线放置于同一无限大的金属平面上,在偶极子天线正上方80 cm处和传感器正上方80 cm处分别放置一块厚度约为25 cm、长度约为130 cm的金属块,此时的监测系统的通信距离为165 cm。

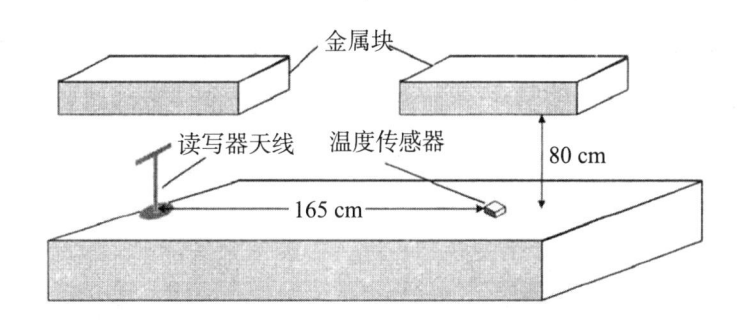

图6-16 SAW传感器传输受金属影响的测试布局图(端对端金属布置)

保持声表面波温度传感器和读写器天线的位置不变,移动金属块的位置至读写器天线和温度传感器之间,如图6-17所示。此时监测系统的通信距离为210 cm。

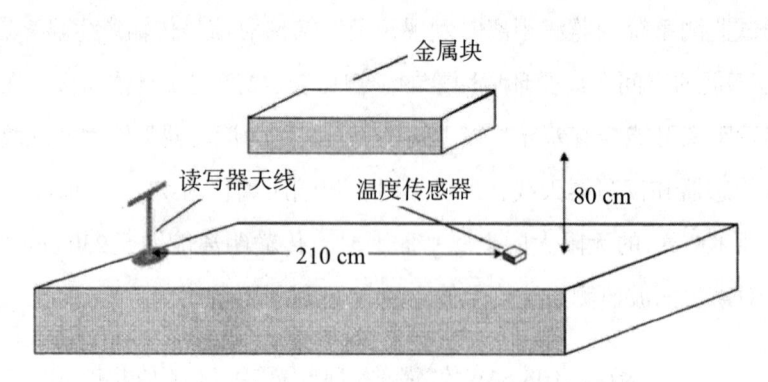

图6-17　SAW传感器传输受金属影响的测试布局图（单金属布置）

由上述分析可看出，金属环境对信号传输的影响较大，特别是在GIS设备这种封闭的金属腔体内。由于GIS的腔体结构复杂，包含多种介质交界面，电磁波在GIS腔体内传播时会发生较大的畸变。因此，建立针对GIS腔体结构的仿真模型至关重要，可用于分析检测信号在GIS内部的传播特性，从而为检测传感器的合理设计和安装提供依据。通过建立仿真模型，可以模拟不同结构和介质对信号传输的影响，进而优化声表面波监测系统在GIS设备内部的通信效果。通过对电磁波传播的仿真分析，可以确定最佳的传感器布置位置，以减少信号传输过程中的衰减和畸变，提高监测系统的可靠性和准确性。

在考虑GIS设备的复杂结构和介质交界面的情况下，建立仿真模型将有助于深入理解信号传输的特性，为声表面波监测系统的优化设计和部署提供重要支持。建立仿真模型可以更好地把握信号传输的情况，减少信号传输过程中的失真和干扰，确保监测系统的性能和稳定性。

但是在不同的应用环境中，仿真模型并不能解决所有问题。特别是仿真模型用于振动监测的其他生产制造环境中时，其环境可能受到不确定的生产因素的影响，应尽可能结合模型和实验试错的方法，找到较优的传感器和阅读器布置方法，如此才能更好地提高仿真模型的实用价值。

第七章 总结与展望

7.1 声表面波感知技术的研究进展与挑战

声表面波涵盖了多种类型，包括瑞利波、乐甫波、兰姆波、斯东莱波等。这些声表面波各具特点和适用范围，其中，瑞利波在声表面器件领域中的应用最为广泛。通过利用外界环境因素（如温度、压力、加速度、气体密度等）对声表面波传播特性的影响，特别是对传播速度的影响，设计出不同结构的声表面波器件，用于测量各种物理或化学参数。

声表面波器件在国内外模拟数字通信和传感领域已经得到广泛应用。由于声表面波器件体积小，且与集成电路兼容，研发了多种基于声表面波技术的无线传感器，可实现气体密度、压力、温度等物理、化学参数的测量。虽然国内的声表面波技术研究相对起步较晚，但近年来取得了显著进展。中国科学院声学研究所、南京大学、上海交通大学、中北大学、电子科技大学等大学和科研机构相继投入资金和人力，开展声表面波的理论和应用研究，并取得了一定成果。

声表面波温度传感器由声表面波感知基片和天线构成，其中，声表面波片体积较小，而天线相对较大，为了减小天线尺寸，可提升声表面波的工作频率。目前，根据不同使用场景设计不同形式的天线，结合需求对波片和天线进行适当的工艺封装。在环境空间要求不高的情况下，可尽量采取较大尺寸的天线，并确保有 3 dB~5 dB 以上增益。这种传感器的设计和应用有助于实现精确的温度监测，并在各种领域中发挥重要作用。目前，我国对于 SAW 传感器的研究还处于初级阶段，一些研究仍在基于国外成果进行一些小的改进，尚未取得大的突破。声表面波传感器还未真正地实现规模化普及，其标准化指标还未形成。在其他领域，声表面波传感器在标签的数据存储量、标签小型化以及寄生反射等领域未有重大突破。

声表面波气体传感器在仪器仪表领域有广泛研究，但由于其属于有源驱动，设计开发机构有足够的余度开展补偿系数的设定，因此并没有形成标准化、规模化、产品级的气体传感器样本。而声表面波延迟线裸片早期均由进口厂家提供，在国内市场还未成熟的情况下，很少有生产厂家设计制造产品级的声表面波气体传感器延迟线裸片。

在实际应用场景中，尤其是在高电压设备领域，声表面波传感器技术的应用前景广阔，但也显而易见地面临一些瓶颈，如气体、温度交替影响，湿度与温度、振动并存等实际情况，因此，多参数的声表面波传感器依然有较大的发展空间。尤其是在无线无源应用领域，GIS、SF_6户外互感器、油纸绝缘变压器等有迫切的生产运维需求，如何结合传感器设计、多参数模型构建、算法理论是未来必将面临的问题。

带身份识别的 SAW 技术依旧面临技术挑战。在过去基于声表面波技术的 RFID 器件中，通常采用压电单晶或压电陶瓷等材料作为基片材料。然而，由于这些材料具有较低的机电耦合系数和低声速特点，往往难以满足现代自动识别，以及信息传输系统对高频率、大带宽的需求。

为了克服这些挑战和限制，未来的研究可以注重探索更先进的材料、制备技术、传感器-天线一体化封装技术、时域和频域高效率结合感知技术和无线传递环境优化技术，以提高多参数传感器和 SAW 标签的性能。通过引入新型材料、探索新的器件设计和工艺方法，有望突破传统瓶颈，为我国的 SAW 传感器和标签的研究和发展带来新的机遇。此外，加强国内团队之间的交流与合作，借鉴国际先进经验，也是推动 SAW 标签技术发展的关键因素。

7.2 总结

本书针对电力设备特点及运维的困境，对无线无源 SAW 传感器系统及应用展开研究。本书的主要内容包括 SAW 传感器的设计与制备、SAW 传感器天线的设计、无线无源 SAW 传感器系统中阅读器的设计，以及无线无源 SAW 传感器系统的应用。本书的具体研究内容总结如下。

在分析声表面波理论的基础上，阐述了 SAW 传感器的基本组成与工作原理，提出了一种谐振型与延迟线型 SAW 传感器组合的多参数声表面波传感器的设计方法。SAW传感器由声表面波片和天线构成,其中,声表面波片体积小,而天线部分的体积相对较大。通过设计新型结构、新型算法及利用新型材料制成SAW传感器,结合典型的多参数SAW传感器构造和典型图谱,可以实现对特定参数的敏感监测和检测。这种传感器设计方法有助于提高电力设备的运维效率和监测精度,可在一定程度上解决现有高电压环境的痛点问题,为相关领域的实时监测或监测思路提供新的技术亮点。

综上所述,本书的研究为基于瑞利横波的无线无源SAW传感器系统在电力设备领域的应用提供了具体的设计方案和方法。通过该系统的应用,可以实现对电力设备运行状态的实时监测和管理,有助于提高电力设备的运行效率和安全性。在未来的研究中,可进一步探索SAW传感器系统在其他电力设备或行业领域的广泛应用,并不断优化和改进传感器设计,以满足实际工程需求和挑战。

7.3 展望

SAW传感器和SAW标签作为一种新兴数字化产品,具有巨大的发展潜力,其未来的发展前景良好。部分文献表明,射频标签的增长将是RFID市场增长的主要贡献,约占45%,其中,高频、超高频和微波标签占据重要份额。在国内,RFID标签的工业总产值预计将突破1 000亿元,其中,微波标签的需求量占比约为60%。

基于声表面波技术的SAW标签具有诸多优点,包括低功耗、大容量、高速、强抗干扰性、几何尺寸小和成本低等。随着项目产业化程度的提高,具有自主知识产权的微波声表面波标签将推动整个RFID产业的发展,有望使SAW-RFID标签逐渐取代条形码,使其在交通、物流、通信、生产管理等领域中成为必不可少的技术。未来,声表面波标签的射频技术发展主要集中在两个大方向上,即技术要求和成本问题。

在技术方面,声表面波标签需要朝着大容量存储、低辐射、高速度和小型化方向发展。特别是在反射栅部分,以更快的编码延迟和传播距离为目标设计标签,同时还需要处理高带宽需求,可借助超高频或微波波段(如2.45 GHz、5.8 GHz)的声表面波标签。解决成本问题也至关重要,因为随着频率的增加,制作电极变得更加困难，需要采用高性能的光刻设备，从而提高标签的成本。

标签与传感技术结合的声表面波感器技术在电力设备领域发展迅速且逐渐受到业内人士的认可。不论是在提升运维安全性方面，还是在感知灵敏度方面，声表面波传感器或声表面波标签在电力设备领域的可配置性均很强，这表现在多个领域：与现有生产运维的传感器前端设计相结合，制定更优安全方案；与部分电力设备或设备零部件一体化设计，实现更智能的电力装备；与运维方式或人工智能相结合，提升运维理念、自动化工程、工业制造水平等。

可以预见，声表面波技术在电力设备领域的应用，一方面与现有部分技术形成互补，另一方面，因其在部分技术领域有可替代性，也给现有的技术框架带来了一定的技术升级挑战。

瑞利波作为一种表面横波，利用该原理设计制造的 SAW 传感器频率一般受限于 3 GHz，在更高频率领域，利用体声波的纵波技术已经在 2.5～7 GHz 领域的滤波器开展应用，并且已经成为热点。相信在不久的将来，利用 SAW 技术的传感器也有可能获得突破。

同时，基于声表面波感器的诸多优势和发展挑战并存，目前除滤波器外，传感器缺乏标准化产品。由于传感器的技术配置性强，应用场景广泛，为追求方案独特性，大量的应用方案都是传感器与阅读器平台集成销售，制造商广泛采取闭源方式发展，共享性弱，技术交流不足，对应用场景优化感知的研究深度不够，还停留在简单的原理实现，并不利于产业快速迭代升级。适当地探索声表面波技术的开源、声表面波传感器裸片标准化、无线无源阅读器标准化的应用，有助于智能智造的高速发展和迭代升级。

参 考 文 献

[1] 汲胜昌,钟理鹏,刘凯,等. SF$_6$放电分解组分分析及其应用的研究现状与发展[J]. 中国电机工程学报,2015,35(9):2318-2332.

[2] 唐炬,陈长杰,刘帆,等. 局部放电下SF$_6$分解组分检测与绝缘缺陷编码识别[J]. 电网技术,2011,35(1):110-116.

[3] 唐炬,杨东,曾福平,等. 基于分解组分分析的SF$_6$设备绝缘故障诊断方法与技术的研究现状[J]. 电工技术学报,2016,31(20):41-54.

[4] RAO X J,TANG J,CHENG L,et al. Study on the influence rules of trace H$_2$O on SF$_6$ spark discharge decomposition characteristic components [J]. IEEE Transactions on Dielectrics and Electrical Insulation,2017,24(1):367-374.

[5] WANG Y Y,JI S C,LI J Y,et al. Investigations on discharge and decomposition characteristics of SF$_6$ under various experimental conditions [J]. High Voltage Engineering,2013,39(8):1952-1959.

[6] 李泰军,王章启,张挺,等. SF$_6$气体水分管理标准的探讨及密度与湿度监测的研究[J]. 中国电机工程学报,2003,23(10):169-174.

[7] LI T J,WANG Z Q,ZHANG T. Discussion about the water vapor content standard & research on monitoring SF$_6$ gas's density and humidity [J]. Proceedings of the CSEE,2003,23(10):169-174.

[8] ERRAIS A,FRECHETTE M F,SAKAKIBARA T,et al. Development of a differential microwave system to measure traces of water in SF$_6$ [C]. IEEE/PES Transmission & Distribution Conference and Exposition: Latin America,2006:1-4.

[9] 张英,李军卫,王先培,等. 基于双传感技术融合的SF$_6$电气设备泄漏分布式在线监测系统[J]. 高压电器,2016,52(12):171-177.

[10] PLESSKY V P. Review on SAW-RFID tags [C]. IEEE International Frequency Control Symposium Joint with the 22nd European Frequency and Time Forum,2009:14-23.

[11] 解小建,张峤,张大伟. 基于 RFID 的测试采集结果信息传输设计[J]. 电子测量技术,2016,39(1):99-104.

[12] CAIZZONE S,DIGIAMPAOLO E. Wireless passive RFID crack width sensor for structural health monitoring [J]. IEEE Sensors Journal,2015,15(12):16767-6774.

[13] 刘茂旭,何怡刚,邓芳明,等. 融合 RFID 的无线湿度传感器节点设计研究[J]. 电子测量与仪器学报,2015,29(8):1171-1178.

[14] LIU M X,HE Y G,DENG F M,et al. Design research on a wireless humidity sensor node integrated with RFID [J].Journal of Electronic Measurement and Instrumentation,2015,29(8):1171-1178.

[15] 侯周国,何怡刚,李兵,等. 基于软件无线电的无源超高频 RFID 标签性能测试[J]. 物理学报,2010,59(8):5606-5612.

[16] WANG Y Y,JI S C,ZHGANG Q G,et al. Experimental investigations on low-energy discharge in SF_6 under lowmoisture conditions[J]. IEEE Transactions on Plasma science,2014,42(2):307-314.

[17] 周艺环,叶日新,董明,等. 基于电化学传感器的 SF_6 分解气体检测技术研究[J]. 仪器仪表学报,2016,37(9):2133-2139.

[18] TANG J,LIU F,MENG Q H,et al. Partial discharge recognition through an analysis of SF_6 decomposition products part 2:Feature extraction and decision tree-based pattern recognition[J]. IEEE Transactions on Dielectrics and Electrical Insulation,2012,19(1):37-44.

[19] 李泰军,王章启,张挺,等. SF_6 气体水分管理标准的探讨及密度与湿度监测的研究[J]. 中国电机工程学报,2003,(10):169-174.

[20] 戚德虎,康继昌. BP 神经网络的设计[J].计算机工程与设计,1998(2):47-49.

[21] 张晶晶. 基于金属有机骨架材料 MIL-101(Cr)湿度传感器性能的研究[D]. 长春:吉林大学,2017.

[22] 江凯. 基于有机多孔聚合物的湿度传感器的研究[D]. 长春:吉林大学,2016.

[23] HERNÁNDEZ-RIVERA D, RODRÍGUEZ-ROLDÁN G, MORA-MARTÍNEZ

R, et al. A Capacitive Humidity Sensor Based on an Electrospun PVDF/Graphene Membrane [J]. Sensors(Basel,Switzerland),2017,17(5):1009.

[24] 段新春,施斌,孙梦雅,等.FBG 蒸发式湿度计研制及其响应特性研究[J]. 南京大学学报(自然科学),2018(6):1075-1084.

[25] ZHANG F L, LI M, ZHANG H J, et al. A method for standardizing the manufacturing process of integrated temperature and humidity sensor based on fiber Bragg grating [J]. Optical Fiber Technology,2018,46:275-281.

[26] 童筱钧,王心语. 新型声表面波湿度传感器的研究 [J]. 压电与声光 ,2014,36(5):727-729+738.

[27] WANG L J, LIU J S, HE S T. Humidity sensing by love wave detectors coated with different polymeric films [C]. Proceedings of the 2014 Symposium on Piezoelectricity,Acoustic Waves,and Device Applications(SPAWDA),2014:44-47.

[28] ARYAFAR M, HAMEDI M, GANJEH M M. A novel temperature compensated piezoresistive pressure sensor [J]. Measurement,2015,63:25-29.

[29] 姜力,贺晓雷,行鸿彦. 改进 GA-SVM 的湿度传感器温度补偿研究[J].电子测量与仪器学报,2017,31(9):1420-1426.

[30] WEI C,YUAN H M. An improved GA-SVM algorithm [C]. Industrial Electronics and Applications(ICIEA),2014 IEEE 9th Conference,2014:2137-2141.

[31] 韩欣玉,何平,潘国峰,等. 基于 PSO-SVR 的压力传感器温度补偿[J].仪表技术与传感器,2018(8):9-12.

[32] 叶小岭,廖俊玲,高大惟,等. 基于粒子群支持向量机的湿度传感器温度补偿[J]. 仪表技术与传感器,2013(11): 14-16.

[33] 杨森圭. 声表面波技术的应用与进展[J]. 压电与声光, 1978(1):37-68.

[34] BENES E, GROSCHL M, SEIFERT F, et al. Comparis on between BAW and SAW sensor principles[C]. IEEE Transactions on Ultrasonics, Ferroelectrics, and Frequency Control,2002,45(5):1314-1330.

[35] HUNTER G W, WRBANEK J D, OKOJIE R S, et al. Development an dapplication of high-temperature sensors and electronics for propulsion applications[C].

Sensors for Propulsion Measurement Applications,2006,6222:76-87.

[36] 苏静雷,王红军,王政博,等.多通道卷积神经网络和迁移学习的燃气轮机转子故障诊断方法[J].电子测量与仪器学报,2023,37(3):132-140.

[37] HASHEMIAN,H M. On-line monitoring applications in nuclear power plants[J]. Progress in Nuclear Energy,2011,53(2):167-181.

[38] 李世维,王群书,古仁红,等.高 g 值微机械加速度传感器的现状与发展[J].仪器仪表学报,2008,29(4):892-896.

[39] JIANG X,KIM K,ZHANG S,et al. High-temperature piezoelectric sensing[J]. Sensors,2013,14(1):144-169.

[40] 乔诗翔,李豪杰,于航,等.高低温环境对三轴高 g 值加速度传感器灵敏度变化影响研究[J].仪器仪表学报,2023,44(5):240-248.

[41] ALEXANDER U,CHRISTIAN W,ALEXANDER S,et al. A high-precision and high bandwidth MEMs-based capacitive accelerometer[J]. IEEE Sensors Journal, 2018,18(16):6533-6539.

[42] 陈毅强,王玉田,李泓锦,等.压电加速度计本底噪声研究[J].仪器仪表学报, 2015,36(4):951-960.

[43] MOULZOLF S C,BEHANAN R,LAD R J,et al. Langasite SAW pressure sensor for harsh envinments [C]. IEEE International Ultrasonics Symposium, IUS, 2012:1224-1227.

[44] SHU L,PENG B,YANG Z,et al. High-temperature SAW wirelesss train sensor with langasite[J]. Sensors,2015,15(11):28531-28542.

[45] MASKAY A,DA CUNHA M P. High-temperature microwave acoustic vibration sensor[C]. 2018 IEEE International Ultrasonics symposium(IUS),IEEE,2018: 1-3.

[46] MERKULOV A A,ZHGOON S A,SHVETSOV A S,et al. Properties of SAW Vibration sensors applicable in the field of power engineering[C].2021 3rd International Youth Conference on Radio Electronics, Electrical and Power Engineering(REEPE),IEEE,2021:1-5.

[47] WANG W, HUANG Y, LIU X, et al. Surface acoustic wave acceleration sensor with high sensitivity incorporating ST-x quartz cantilever beam[J]. Smart Materials and Structures, 2014, 24(1): 5015.

[48] NAGMANI A K, BEHERA B. A review on high temperature piezoelectric crystal $La_3Ga_5SiO_{14}$ for sensor applications[J]. IEEE Transactions on Ultrasonics, Ferroelectrics, and Frequency Control, 2022, 69(3): 918-931.

[49] BARDONG J, AU BERT T, NAUMENKO N, et al. Experimental and theoretical investigations of some useful langasite cuts for high-temperature SAW applications[J]. IEEE Transactions on Ultrasonics, Ferroelectrics, and Frequency Control, 2013, 60(4): 814-823.

[50] WANG W, XUE X, HUANG Y, et al. A novel wireless and temperature compensated SAW vibration sensor[J]. Sensors(switzerland), 2014, 14(11): 20702-20712.

[51] 马颖蕾. 八梁固支压阻加速度传感器及测试电路[D]. 上海: 复旦大学, 2010.

[52] NICOLAY P, AUBERT T. A numerical method to derive accurate temperature coefficients of material constants from high-temperature SAW measurements: application to langasite[J]. IEEE Transactions on Ultrasonics, Ferroelectrics, and Frequency Control, 2013, 60(10): 2137-2141.

[53] 郭欣榕, 张永威, 谭秋林, 等. 新型声表面波三轴加速度传感器的设计仿真[J]. 压电与声光, 2020, 42(5): 644-648.

[54] 牛新书, 杜卫平, 杜卫民, 等. 掺杂稀土氧化物的ZnO材料的制备及气敏性能[J]. 稀土, 2003, 24(6): 44-47.

[55] 魏少红, 冯青琴, 牛新书. ZnS掺杂WO_3纳米粉体的制备及H_2S气敏性能[J]. 电子元件与材料, 2010, 24(2): 14-16.

[56] IONESCU R, HOEL A, GRANQVIST C G, et al. Ethanol and H_2S gas detection in air and in reducing and oxidising ambience: application of pattern recognition to analyse the output from temperature-modulated nanoparticulate WO_3 gas sensors [J]. Sensors and Actuators B: Chemical, 2005, 104(1): 124-131.

[57] GAIDI M, CHENEVIER B, LABEAU M. Electrical properties evolution under reducing gaseous mixtures(H_2, H_2S, CO) of SnO_2 thin films doped with Pd/Pt aggregates and used as polluting gas. Sensors[J]. Sensors and Actuators B:Chemical, 2000, 62(1):43-48.

[58] RICCO A J, MATIN S J. Thin metal film characterization and chemical sensors: monitoring electronic conductivity, mass loading and mechanical properties with surface acoustic wave devices[J]. Thin solid films, 1991, 206: 94-101.

[59] GALIPEAU J D, FALCONER R S, VETELINO J F, et al. Theory, design and operation of a surface acousticc wave hydrogen-sulfide microsensor[J]. Sensors and Actuators B:Chemical, 1995, 24(1-2):49-53.

[60] GALIPEAU J D, LEGORE L J, SNOW K, et al. The integration of a chemiresistive film overlay with a surface acoustic wave microsensor[J]. Sensors and Actuators B:Chemical, 1996, 35(1-3):158-163.

[61] DIUGWU C A, BATCHELOR J C, LANGLEY R J, et al. Planar antenna for passive radio frequency identification (RFID)tags[C]. 7th Africon Conference in Africa, 2004, 1:21-24.

[62] CHEN S Y, XU B W. CPW-fed folded-slot antenna for 5.8 GHz RFID tags[C]. Electronics Letters, 2004, 24(40):1516-1517.

[63] HESSIANS M A, QUADDUS M. An Adoption-Diffusion Model for RFID applications in Bangladesh [C]. International Conference on Computer and Information Technology, 2009, 12:172-182.

[64] SHEN A, LI Y, LV T. New thinking on RFID spectrum in China[C]. International Conference on Communications Technology and Applications, 2009: 10-14.

[65] CHENG J, CHEN W, TAO F, et al. Industrial IoT in 5G environment towards smart manufacturing[J]. Journal of Industrial Information Integration, 2018, 10: 10-19.

[66] TANG X. Research on smart logistics model based on Internet of Things technology[J]. IEEE Access, 2020, 8: 151150-151159.

[67] VARDHINI P H, HARSHA M S, SAI P N, et al. IoT based Smart Medicine Assistive System for Memory Impairment Patient[C]. 2020 12th International Conference on Computational Intelligence and Communication Networks (CICN), 2020: 182-186.

[68] REEDER T M, CULLEN D E. Surface-acoustic-wave pressure and temperature sensors[J]. Proceedings of the IEEE, 1976, 64(5): 754-756.

[69] HAMIDON M N, SKARDA V, WHITE N M, et al. High-temperature 434 MHz surface acousticwave devices based on GaPO/sub 4[J]. IEEE Transactions on Ultrasonics, Ferroelectrics, and Frequency Control, 2006, 53(12): 2465-2470.

[70] Da CUNHA M P, MOONLIGHT T, LAD R, et al. High temperature sensing technology for applications up to 1000 C[C]. Sensors, 2008 IEEE, 2008: 752-755.

[71] CANABAL A, DAVULIS P, HARRIS G, et al. High-temperature battery-free wireless microwave acoustic resonator sensor system[J]. Electronics letters, 2010, 46(7): 471-472.

[72] TAGUETT A, AUBERT T, LOMELLO M, et al. Ir-Rh thin films as high-temperature electrodes for surface acoustic wave sensor applications[J]. Sensors and Actuators A: Physical, 2016, 243: 35-42.

[73] DUAN F L, XIE Z, JI Z, et al. Wireless Passive Temperature Measurement for Aero-and Astro-system by Using Surface Acoustic Wave Sensors[C]. AIAA Scitech 2021 Forum, 2021: 1502.

[74] SHU L, PENG B, CUI Y, et al. High temperature characteristics of AlN film SAW sensor integrated with TC4 alloy substrate[J]. Sensors and Actuators A: Physical, 2016, 249: 57-61.

[75] WENG H, DUAN F L, ZHANG Y, et al. High Temperature SAW Sensors on $LiNbO_3$ Substrate With SiO_2 Passivation Layer[J]. IEEE Sensors Journal, 2019, 19(24): 11814-11818.

[76] XU H, JIN H, DONG S, et al. A langasite surface acoustic wave wide-range temperature sensor with excellent linearity and high sensitivity[J]. AIP Advances, 2021, 11(1): 015143.

[77] BEHANAN R, MOULZOLF S, CALL M, et al. Thin films and techniques for SAW sensor operation above 1000 C[C]. 2013 IEEE International Ultrasonics Symposium (IUS), 2013: 1013-1016.

[78] RASHVAND H F, ABEDI A, ALCARAZ-CALERO J M, et al. Wireless sensor systems for space and extreme environments: A review[J]. IEEE Sensors Journal, 2014, 14(11): 3955-3970.

[79] BARDONG J, AUBERT T, NAUMENKO N, et al. Experimental and theoretical investigations of some useful langasite cuts for high-temperature SAW applications[J]. IEEE Transactions on Ultrasonics, Ferroelectrics, and Frequency Control, 2013, 60(4): 814-823.

[80] FRANCOIS B, FRIEDT J M, MARTIN G, et al. High temperature packaging for surface acoustic wave transducers acting as passive wireless sensors[J]. Sensors and Actuators A: Physical, 2015, 224: 6-13.

[81] XU H, JIN H, DONG S, et al. Mode Analysis of Pt/LGS Surface Acoustic Wave Devices[J]. Sensors, 2020, 20(24): 7111.

[82] SONG X, JIN H, DONG S, et al. New composite electrode for high temperature surface acoustic wave device[J]. Materials Letters, 2021, 294: 129768.

[83] KIM S, ADIB M R, LEE K. Development of chipless and wireless underground temperature sensor system based on magnetic antennas and SAW sensor[J]. Sensors and Actuators A: Physical, 2019, 297: 111549.

[84] DUAN F L, XIE Z, JI Z. Breakthrough of upper limit of temperature measurement of SAW sensors for wireless passive sensing inside propulsion system[C]. AIAA Propulsion and Energy 2020 Forum, 2020: 3512.

[85] SCHWARTZ A R, PATIL S P, LAFFAN A M, et al. Obesity and obstructive sleep apnea: pathogenic mechanisms and therapeutic approaches[J]. Proceedings of the

American Thoracic Society, 2008, 5(2):185-192.

[86] BUCKS R S, OLAITHE M, ROSENZWEIG I, et al. Reviewing the relationship between OSA and cognition: Where do we go from here?[J]. Respirology, 2017, 22(7): 1253-1261.

[87] SOHN K, MERCHANT F M, SAYADI O, et al. A novel point-of-care smartphone based system for monitoring the cardiac and respiratory systems[J]. Scientific Reports, 2017, 7(1): 1-10.

[88] ZHOU C, TU C, TIAN J, et al. A low power miniaturized monitoring system of six human physiological parameters based on wearable body sensor network[J]. Sensor Review, 2015, 35(2):210-218.

[89] WU D, WANG L, ZHANG Y T, et al. A wearable respiration monitoring system based on digital respiratory inductive plethysmography[C]. 2009 Annual international conference of the IEEE Engineering in Medicine and Biology Society, 2009: 4844-4847.

[90] 何朝梁, 金浩, 陶翔, 等. 基于氧化石墨烯的QCM呼吸传感器及系统[J]. 仪表技术与传感器, 2020(12):1-5.

[91] 陶翔. 应用于健康医疗的新型声表面波传感器及微流器件的研究[D]. 杭州:浙江大学, 2020.

[92] ZAHERTAR S, TAO R, FU R, et al. Microwave sensing using flexible acoustofluidic devices[C]. 2019 IEEE International Conference on Flexible and Printable Sensors and Systems (FLEPS), 2019: 1-3.

[93] SHANG Z G, LI D L, WANG S Q, et al. Application of ICP deep trenches etching in the Fabrication of FBAR Devices[C]. Key Engineering Materials, 2012, 503: 293-297.

[94] 金浩. 薄膜体声波谐振器(FBAR)技术的若干问题研究[D]. 杭州:浙江大学, 2006.

[95] HAUSER R, FACHBERGER R, BRUCKNER G, et al. Ceramic patch antenna for high temperature applications[C]. 28th International Spring Seminar on Electronics Technology: Meeting the Challenges of Electronics Technology Progress,

2005,2005: 173-178.

[96] MCLEAN J S. A re-examination of the fundamental limits on the radiation Q of electrically small antennas[J]. IEEE Transactions on Antennas and Propagation, 1996,44(5): 672.

[97] SPRINGER O, KAPPEL A, MEIXNER H. Surface acoustic wave Gyro sensors for automotive applications[J]. IFAC Proceedings Volumes, 1995, 28（1）: 221-226.

[98] POHL A. A review of wireless SAW sensors[J]. IEEE Transactions on Ultrasonics, Ferroelectrics, and Frequency Control, 2000, 47(2): 317-332.

[99] 母开明. 我国声表面波技术三十年回顾与展望[J]. 世界电子元器件, 2001(5): 65-69.

[100] JAKOBY B, EISENSCHMID H, HERRMANN F. The potential of microacoustic SAW-and BAW-based sensors for automotive applications-a review[J]. IEEE Sensors Journal, 2002, 2(5): 443-452.

[101] SCHERR H, SCHOLL G, SEIFERT F, et al. Quartz pressure sensor based on SAW reflective delayline[C]. 1996 IEEE Ultrasonics Symposium. Proceedings, 1996: 347-350.

[102] TAZIEV R, KOLOSOVSKY E, KOZLOV A. Deformation-sensitive cuts for surface acoustic wavesin/spl alpha/-quartz[C]. 1993 IEEE International Frequency Control Symposium, 1993: 660-664.

[103] GRAEBNER J E, JIN S, ZHU W. Magnetically tunable surface acoustic wave devices:5959388[P]. 1999-09-28.

[104] 代丽红. 磁声表面波磁场传感器及其制备方法[D]. 成都:电子科技大学,2012.

[105] KUROSAWA M, FUKUDA Y, TAKASAKI M, et al. A surface-acoustic-wave gyro sensor[J]. Sensors and Actuators A: Physical, 1998, 66(1-3): 33-39.

[106] WOODS R C, KALAMI H, JOHNSON B. Evaluation of a novel surface acoustic wave gyroscope[J].IEEE transactions on Ultrasonics, Ferroelectrics, and Frequency Control, 2002, 49(1): 136-141.

[107] OH H, WANG W, YANG S, et al. Development of SAW based gyroscope with

high shock and thermal stability[J]. Sensors and Actuators A: Physical, 2011, 165(1): 8-15.

[108] WANG W S, WU T T, CHOU T H, et al. A ZnO nanorod-based SAW oscillator system for ultraviolet detection[J]. Nanotechnology, 2009, 20(13): 135503.

[109] PHAN D T, CHUNG G S. Characteristics of SAW UV sensors based on a ZnO/Si structure using third harmonic mode[J]. Current Applied Physics, 2012, 12(1): 210-213.

[110] SHIOKAWA S, MORIIZUMI T. Design of SAW sensor in liquid[J]. Japanese Journal of Applied Physics, 1988, 27(S1): 142.

[111] LIRON Z, KAUSHANSKY N, FRISHMAN G, et al. The polymer-coated SAW sensor as a gravimetric sensor[J]. Analytical Chemistry, 1997, 69(14): 2848-2854.

[112] DU X, YING Z, JIANG Y, et al. Synthesis and evaluation of a new polysiloxane as SAW sensor coatings for DMMP detection[J]. Sensors and Actuators B: Chemical, 2008, 134(2): 409-413.

[113] JIN H, TAO X, DONG S, et al. Flexible surface acoustic wave respiration sensor for monitoring ob-structive sleep apnea syndrome[J]. Journal of Micromechanics and Microengineering, 2017, 27(11): 115006.

[114] VASILJEVIĆ D Z, MANSOURI A, ANZI L, et al. Performance analysis of flexible ink-jet printed humidity sensors based on graphene oxide[J]. IEEE Sensors Journal, 2018, 18(11): 4378-4383.

[115] DIKIN D A, STANKOVICH S, ZIMNEY E J, et al. Preparation and characterization of graphene oxide paper[J]. Nature, 2007, 448(7152): 457-460.

[116] JIN H, TAO X, FENG B, et al. A humidity sensor based on quartz crystal microbalance using graphene oxide as a sensitive layer[J]. Vacuum, 2017, 140: 101-105.

[117] ZHANG D, TONG J, XIA B. Humidity-sensing properties of chemically reduced graphene oxide/polymer nanocomposite film sensor based on lay-

er-by-layer nano self-assembly[J]. Sensors and Actuators B: Chemical, 2014, 197: 66-72.

[118] ZARRIN H, HIGGINS D, JUN Y, et al. Functionalized graphene oxide nanocomposite membrane for low humidity and high temperature proton exchange membrane fuel cells[J]. The Journal of Physical Chemistry C, 2011, 115(42): 20774-20781.

[119] YAO Y, CHEN X, GUO H, et al. Graphene oxide thin film coated quartz crystal microbalance for humidity detection[J]. Applied Surface Science, 2011, 257(17): 7778-7782.

[120] YUAN Z, TAI H, BAO X, et al. Enhanced humidity-sensing properties of novel graphene oxide/zincoxide nanoparticles layered thin film QCM sensor[J]. Materials Letters, 2016, 174: 28-31.

[121] CHEN W, DENG F, XU M, et al. GO/Cu$_2$O nanocomposite based QCM gas sensor for trimethylamine detection under low concentrations[J]. Sensors and Actuators B: Chemical, 2018, 273: 498-504.

[122] 何朝梁. 基于QCM的人体呼吸特征传感器及系统研究[D]. 杭州:浙江大学, 2020.